测量学实验指导

主　编　李栋梁　徐　琪
副主编　陈　建　肖　晖

南京大学出版社

目　录

第一部分 测量实验实习基本要求

一、测量实验实习目的

测量学的主要任务是测定地面点的平面位置和高程，将地球表面的地形及其他信息测绘成图，是一门实践性很强的专业技术基础课程。测量学教学的实践环节一般包括实验与实习，实验环节穿插在理论授课过程中，实习环节独立进行，通过实验与实习过程中的外业操作和内业数据处理，来进一步巩固课堂上所学的理论知识，从而掌握测量仪器操作的基本方法和测量作业的基本流程。

二、测量仪器的领用

1. 根据测量实验项目指导书中指定的测量仪器，以小组为单位凭证件到测量仪器室领取，仪器领借由组长负责办理，并填写仪器领借登记记录本，借领人是测量仪器的直接责任人。

2. 借领时，应在当场对仪器进行检查，包括仪器型号、工具附件等是否与仪器清单对应和齐全，脚架是否完好，背带、提手是否牢固，如有缺损，须当场向实验仪器管理人员反映，立即补领或更换，并将实际情况告知实验教师。

3. 搬运仪器应姿势规范、轻拿轻放，避免震动；在室外搬运仪器还要注意车辆、行人等；实验、实习过程中应妥善保护仪器工具，不得转借或与其他小组交换。

4. 实验、实习结束后，应及时收装并清点仪器，工具上的泥土需清理干净再交还仪器室，并办理相关的归还手续，如在实验中发生仪器损坏或丢失，视情节按照有关规定处理。

三、测量仪器的使用与维护

测量仪器、用具是贵重的精密仪器，对于测量人员来说应能做到正确使用、精心爱护和科学保养；这已经成为测量工作者必备的基本素质和技能。正确地使用测量仪器，不仅能保证测量成果的质量，还能提高作业效率、延长仪器的使用年限，因此要严格遵守测量仪器使用规定。

1. 必须爱护测量仪器，防止振动、日晒、雨淋，不应坐在仪器箱子上。

2. 开箱拿取仪器

（1）先将三脚架安置稳妥，高度适中。在平坦的地方打开仪器箱，取出仪器前应看清仪器在箱中的位置，以免装箱时发生困难。

（2）从箱中取出仪器，不可握拿望远镜，应握住基座或望远镜的支架，取出仪器后小心地安置在三脚架上，并立即旋紧仪器与三脚架的中心连接螺旋。

3. 野外作业

（1）仪器上的光学部分（如镜头等）严禁用手帕、纸张等物品擦拭，以免损坏镜头上的药膜。

（2）作业时须握住支架转动，不得握住望远镜旋转，使用仪器各螺旋必须十分小心，应有轻重感。

（3）仪器所在地必须时时有人，做到人不离仪器，并防止其他无关人员使用仪器。

（4）在太阳下或细雨下使用仪器时，必须撑伞，特别注意仪器不得受潮。

（5）严格禁止用望远镜看太阳等强光源，否则后果自负。

4. 搬移仪器

（1）搬移仪器前应使望远镜物镜对向度盘中心。若为水准仪，物镜应向后。

（2）搬移仪器时先检查一下连接螺旋，必须一手握住仪器的基座或支架，一手抱住三脚架，近于垂直地稳妥地搬移，不得横放在肩上，以免损坏仪器。当距离较长时，必须装箱搬移。

（3）搬移仪器时须带走仪器箱及有关工具。

5. 使用完毕

（1）应清除仪器及箱子上的灰尘、脏物和三脚架上的泥土，使基座的脚螺旋处于大致相同的高度。

（2）松连接螺旋，卸下仪器装入箱子后，应该旋紧有关的制动螺旋。

（3）箱门要关紧，并立即扣上门扣或上锁。

（4）工作完毕应检点一切附件与工具，以防遗失。

6. 其他工具

（1）钢卷尺使用时，应防止扭转打结和折断，丈量时防止行人践踏和车辆压过，量好一段时必须提起钢尺行走，不得沿地面拖走，以免损坏钢尺刻划。

（2）钢卷尺使用完毕，必须用抹布擦去尘土，涂油防锈。

（3）水准尺、花杆等木制品不可受横向压力，以免弯曲变形，也应该轻取轻放。

（4）一切仪器工具必须保持完整、清洁，不得任意放置，并由专人保管，小件工具如测钎、垂球等尤应防止遗失。

7. 一切仪器工具若发生故障，应及时向指导教师或实验室工作人员汇报，不得自行处理，若有损坏、遗失应写书面检查，进行登记并酌情赔偿。

四、测量记录与计算规则

测量资料的记录是外业观测成果的记载和内业计算的依据,为保证测量原始数据的绝对可靠,测量数据的记录必须遵循以下规则:

1. 外业记录必须记录在记录手簿上,不得用其他纸张记录,严禁转抄。

2. 野外测量记录及计算均用 2H 或 3H 铅笔记载,字体应工整、清晰,不许用连笔字,字的大小占格子的一半,字脚靠近底线,留出空白作改正错误用。

3. 记录观测数据之前,应首先将表头内容填写齐全,不得漏记或补记。

4. 记录数字应齐全,表示精度或占位的 0 不能省略,如水准测量读数 0346 或 1650,角度读数如 $0°00'30''$ 或 $35°46'00''$,其中的“0”均不能省略,度分秒的符号可以不写。

5. 记录员听取读数后应边记录边回报读数,以防听错记错。

6. 禁止擦除、涂改已记录的数据,如果发现错误,应在错误的读数处用细横线划去,并在原数字上方写出正确的数字,不得就字改字,禁止连环更改,记录数据修改后应在备注栏注明修改原因,如测错、记错、超限等。

7. 原始观测数据的尾数不得更改,读错后必须重新测量并记录,如角度测量时,秒位数字读错,则重测该测回;水准测量时,毫米位读错,则重测该测站。

8. 每站或每测回观测完毕后,必须当场完成规定的计算和检核,方可搬站。

9. 记录手簿应妥善保管,不得记录与实验无关的内容。

10. 测量数据的计算按照 0～4 舍 6～9 入,5 前奇进偶不进的原则,如 1.325 和 1.335 取小数点后两位结果分别为 1.32 和 1.34。

第二部分 认知篇

实验一 水准仪的认识与使用

◆ 知识目标

水准仪的种类、水准仪的等级、DS3 水准仪的结构组成、水准仪的安置及读数方法。

◆ 能力目标

通过本实验内容的学习实践应使学生具备科学实验的初步能力，正确规范地安置和操作水准仪，培养动手能力和团队协作能力。

一、实验目的

了解 DS3 水准仪的构造，认识仪器主要部件的名称及作用，掌握 DS3 水准仪的使用方法，为以后使用自动安平水准仪、数字水准仪打下基础。

二、实验计划与实验仪器

1. 学时与人数

实验为 2 学时，每小组 4～6 人，小组成员轮流进行仪器操作、立尺、观测、记录计算。

2. 实验仪器

每组 1 台 DS3 水准仪及配套三脚架，双面尺 1 对，尺垫 1 对，记录板 1 块，记录手簿 1 张及铅笔等。

三、实验方法与步骤

1. 认识水准仪各部件名称及作用

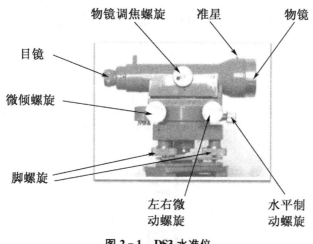

图 2-1 DS3 水准仪

对照实物和图 2-1 熟悉 DS3 水准仪的构造及各部分组成的功能。

2. 水准仪的安置及读数

（1）安置水准仪脚架，注意脚架的高度及开度，确认脚架安置稳定后，将仪器安置到脚架上。

（2）粗平：使用脚螺旋，先调整两个，双手做对称运动，再左手调整另一个，调整的原则是气泡移动方向与左手大拇指移动方向相同，如图 2-2 所示。

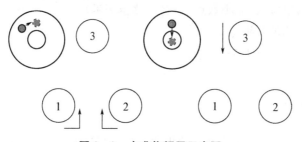

图 2-2 水准仪粗平示意图

（3）望远镜调焦与瞄准。

① 调节目镜，使望远镜内十字丝像清晰。

② 瞄准：先粗瞄再精瞄。通过望远镜上方的缺口和准星瞄准水准尺，然后转动望远镜调焦螺旋，使尺像更清楚，转动望远镜水平微动螺旋，使十字丝竖丝对准水准尺。

③ 消除视差：交替调节目镜、物镜调焦螺旋，使十字丝和尺子的像都清楚。

　　（4）精平与读数：读数之前用微倾螺旋调节水准管使气泡居中（如图2-3所示），然后读取后视与前视读数，读数方法见图2-4。

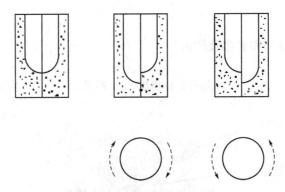

图2-3　微倾螺旋的调整方向

图2-4　水准仪读数示例（0792）

四、注意事项

1. 每次读数前，必须使长水准管气泡居中。
2. 读数时水准尺应扶直，防止倒立。
3. 读数以米为单位，读取小数点后三位（读至毫米）。
4. 瞄准目标必须消除视差。
5. 视线长度一般不宜大于80米。

五、实验成果

　　实验成果包括实验项目表格及实验报告。实验结束后，需上交测量实验数据和实验报告，实验用表格见表2-1。

表 2－1 水准测量读数练习

日　期：_____年___月___日 _____专业_____级____班___组　天气：_____

仪器型号：_____　观测者：_____　记录者：_____　立尺者：_____

测站	点号	水准尺读数		高差		备注
		后视 a	前视 b	＋	－	

实验二　　经纬仪的认识与使用

◆ 知识目标

经纬仪的种类、经纬仪的等级、DJ6 经纬仪的结构组成、经纬仪的安置及读数方法。

◆ 能力目标

通过本实验内容的学习实践应使学生具备科学实验的初步能力,能够正确、规范地完成经纬仪的安置工作,为测绘仪器的安置打下基础,并加强动手能力的培养。

一、实验目的

了解光学经纬仪的基本构造及各组成部分的作用,掌握经纬仪的操作方法。

二、实验计划与实验仪器

1. 学时与人数

实验为 2 学时,每小组 4~6 人,小组成员轮流进行仪器操作。

2. 实验仪器

每组 1 台经纬仪(或全站仪)及配套三脚架。

三、实验方法与步骤

1. 认识 DJ6 经纬仪各部件名称及作用

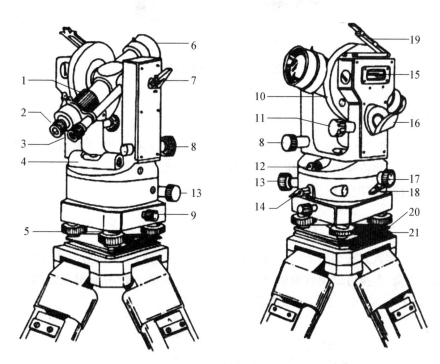

图 2 - 5　经纬仪的构造

1—对光螺旋　2—目镜　3—读数显微镜　4—照准部水准管　5—脚螺旋　6—望远镜
物镜　7—望远镜制动螺旋　8—望远镜微动螺旋　9—中心锁紧螺旋　10—竖直度盘
11—竖盘指标水准管微动螺旋　12—光学对中器目镜　13—水平微动螺旋　14—水平
制动螺旋　15—竖盘指标水准管　16—反光镜　17—度盘变换手轮　18—保险手柄
19—竖盘指标水准管反光镜　20—托板　21—压板

对照实物和图 2 - 5 熟悉 DJ6 经纬仪的构造及各组成部分的功能。

2. 每个同学都应独立完成经纬仪的对中整平工作

对中整平的步骤如下：

(1) 用三脚架或脚螺旋使光学对中器分划板上的圆心或十字丝交点对准测点。

(2) 用三脚架腿的伸缩部分调节三脚架腿的长度,使仪器基本水平(即圆水准器气泡
居中)。

(3) 用脚螺旋使经纬仪精确整平(长水准管在任意一个方向都居中,调整方法见
图2-6)。

(4) 在架头上平移仪器,使仪器精确对中。

（5）重复第 3、4 步，达到精确对中和整平。

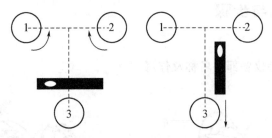

图 2-6　用脚螺旋精平

3. 瞄准目标

先粗瞄（利用十字瞄准器，在望远镜的上方），然后锁定水平、垂直制动旋钮，再调焦（交替调节目镜、物镜调焦螺旋，使十字丝和成像都清晰），并消除视差，然后调节水平、垂直微动螺旋，精确瞄准目标。

4. 读数

经纬仪的读数方法如图 2-7 所示，上面为水平角读数，下面为竖直角读数，最后一位估读，如竖直角，直接可以读取的是 $89°05'$，然后在 $1'$ 的格子里，指标分划线估计位置为一整分的十分之三，$3×6''=18''$，所以读数为：$89°05'18''$。

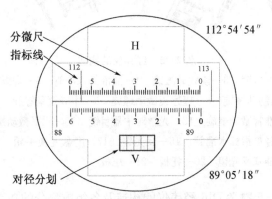

图 2-7　DJ6 经纬仪读数示例

5. 区分盘左和盘右

区分盘左和盘右，竖直度盘在望远镜观测方向的左边为盘左，在望远镜观测方向的右边为盘右。

四、注意事项

1. 仪器安置到三脚架上，必须旋紧连接螺旋使其牢固，脚架的高度和开度要适宜。

2. 仪器的对中、整平过程会相互影响,因此,在最初架设仪器时应移动架腿寻找对中点并使仪器大致水平。

3. 仪器整平后,仪器转动到任意位置时的气泡偏歪不能超过 1 格。

4. 垂球对中误差不大于 3 mm,用光学对中器对中误差不大于 1 mm。

五、实验成果

实验成果包括实验项目表格及实验报告。实验结束后,需上交测量实验数据和实验报告,实验用表格见表 2-2。

表 2-2 经纬仪读数练习

日　期:＿＿＿年＿＿月＿＿日 ＿＿＿＿专业＿＿＿级＿＿班＿＿组 天气:＿＿＿

仪器型号:＿＿＿＿＿＿＿＿＿ 观测者:＿＿＿＿＿ 记录者:＿＿＿＿＿

测站	目标	竖盘位置	水平度盘读数 ° ′ ″	竖直度盘读数 ° ′ ″	备注
		左			
		右			
		左			
		右			
		左			
		右			
		左			
		右			
		左			
		右			
		左			
		右			
		左			
		右			
		左			
		右			
		左			
		右			
		左			
		右			

实验三　全站仪的认识与使用

◆ **知识目标**

全站仪的结构组成,全站仪的类型,常见全站仪的品牌及特点,全站仪的安置、仪器功能设置以及距离、高差、角度的读数方法。

◆ **能力目标**

通过本实验内容的学习实践应使学生具备全站仪对中、整平的基本能力,并初步具备测绘仪器的安置能力;同时,初步培养学生发现问题、分析问题和解决问题的能力。

一、实验目的

掌握全站仪的对中、整平工作,了解全站仪的组成及各部分的作用,掌握全站仪设置和基本操作方法。

二、实验计划与实验仪器

1. 学时与人数

实验为2学时,每小组4～6人,小组成员轮流进行仪器设置、观测、记录等工作。

2. 实验仪器

每组1台全站仪及配套三脚架,棱镜及跟踪杆1套,记录板及测距、测角记录手簿各1张,记录版1块,铅笔等。

三、实验方法与步骤

1. 仪器安置,在测站点上安置仪器,对中整平,具体步骤如下:

(1) 用三脚架或脚螺旋使光学对中器(或激光对中器)分划板上的圆心或十字丝交点

对准测点。

（2）用三脚架腿的伸缩部分调节三脚架腿的长度使仪器基本水平（即圆水准器气泡居中）。

（3）用脚螺旋使全站仪精确整平。

（4）在架头上平移仪器，使仪器精确对中。

（5）重复第3、4步，达到精确对中和整平。

2. 对照实物熟悉全站仪的构造及各组成部分的功能（见图2-8），由实验教师讲解和示范仪器的各项功能、操作方法。

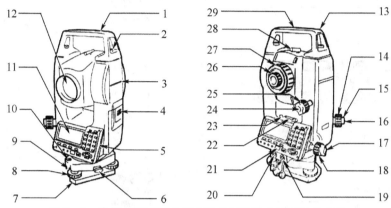

图2-8 索佳 SET 系列全站仪的外观和其主要部件的名称

1—提柄 2—提柄紧固螺丝 3—仪器高标志 4—电池盒盖 5—操作面板 6—三角基座制动控制杆 7—底板 8—脚螺旋 9—圆水准器校正螺丝 10—圆水准器 11—显示窗 12—物镜 13—管式罗盘插口 14—光学对中器调焦环 15—光学对中器分划板护盖 16—光学对中器目锐 17—水平制动钮 18—水平微动手轮 19—数据通讯插口 20—外接电源插口 21—遥控键盘感应器 22—管水准器 23—管水准器校正螺丝 24—垂直制动钮 25—垂直微动手轮 26—望远镜目镜 27—望远镜调焦环 28—粗照准器 29—仪器中心标志

（1）熟悉全站仪的各个螺旋及全站仪的显示面板功能等（见图2-9）。

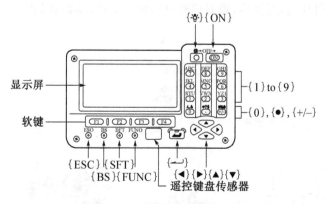

图2-9 全站仪显示及操作面板

（2）熟悉全站仪的配置菜单及仪器的自检功能。

打开电源开机，了解全站仪的测角、测距、高差和坐标测量模式的功能设置，熟悉键盘操作和各界面符号的含义(见图 2 - 10),在设置界面查看角度、距离、气压、温度等单位及设置,进入功能菜单,了解数据采集、坐标放样的常见功能的使用方法和基本操作。

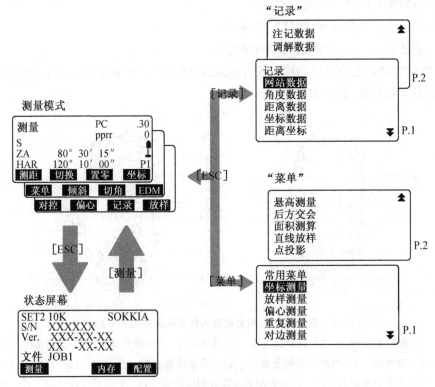

图 2 - 10　全站仪主要功能界面

(3) 用安置好的全站仪观测角度、距离、坐标、高差等数据并记录。

(4) 了解三联脚架法原理:三联脚架法通常使用 3 个既能安置全站仪又能安置带有觇牌的基座和脚架,基座应有通用的光学对中器,迁站时脚架和基座不动,只取下全站仪和带有觇牌的反射棱镜,互换后,再对仪器进行精平即可,其原理如图 2 - 11 所示。

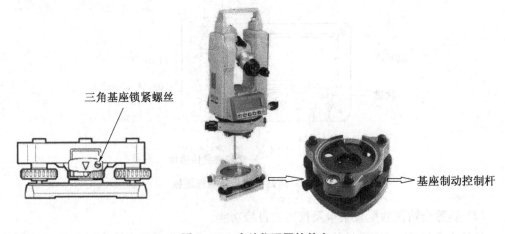

图 2 - 11　全站仪配置的基座

（5）不同品牌的全站仪通用按键图标的含义（见表 2-3）。

表 2-3　全站仪面板常用功能键含义

按键	键名	功能
	坐标测量键	进入坐标测量模式
	距离测量键	进入距离测量模式
ANG	角度测量键	进入角度测量模式
MENU	菜单键	在菜单模式与其他模式之间切换,在菜单模式下可设置应用程序测量。

四、注意事项

1. 由于全站仪是集光、电、数据处理程序于一体的多功能精密测量仪器,在实习过程中应注意保护好仪器,尤其不要使全站仪的望远镜受到太阳光的直射,以免损坏仪器。

2. 如果全站仪电池没电了,需在关机状态下更换电池。

3. 全站仪测量距离时,一般情况下不要设置为跟踪测量模式,防止浪费电量。

4. 未经指导教师的允许,不要任意修改仪器的参数设置,也不要任意进行非法操作,以免因操作不当而发生事故。

5. 仪器贵重,仪器旁边必须随时有人看护。

6. 使用无棱镜模式激光测距时,镜头绝不可以照准人脸,也不可以瞄准棱镜,以免发生事故。

7. 观测过程中如果提示补偿超限,则需对仪器重新对中整平。

五、实验成果

实验成果包括实验项目表格及实验报告。实验结束后,需上交测量实验数据和实验报告,实验用表格见表 2-4。

表 2－4　全站仪读数练习

日　期：_____年___月___日 _____专业_____级____班____组　天气：_____

仪器型号：_____　　观测者：_____　　　记录者：_____

测站	目标	竖盘位置	水平度盘读数 ° ′ ″	竖直度盘读数 ° ′ ″	水平距离 m	高差 m	备注
		左					
		右					
		左					
		右					
		左					
		右					
		左					
		右					
		左					
		右					
		左					
		右					
		左					
		右					
		左					
		右					
		左					
		右					
		左					
		右					
		左					
		右					

实验四 数字水准仪的认识与使用

◆ 知识目标

数字水准仪的主要构造和功能,条码水准尺的刻划原理,数字水准仪的安置及一个测站的实施流程。

◆ 能力目标

通过本实验内容的学习实践应使学生具备数字水准仪的仪器安置、照准、数据传输等实验技能,增强对理论知识的实际应用能力,培养创新意识和创新思维。

一、实验目的

了解数字水准仪的构造,认识仪器主要部件的名称及作用,掌握数字水准仪的使用方法,熟悉水准尺的使用,能够使用配套软件实现数据的传输。

二、实验计划与实验仪器

1. 学时与人数

实验为 2 学时,每小组 4~6 人,小组成员轮流进行仪器操作、立尺、观测,要求每个同学都要独立完成数据的传输。

2. 实验仪器

每组 1 台数字水准仪及配套三脚架,条码尺 2 根,尺垫 1 对,配套的数据传输软件等。

三、实验方法与步骤

数字水准仪的测量原理是:当水准仪照准条码尺时,一按测量键,则水准仪内部的CCD拍下了一段条码尺的影像,仪器内部的计算机对该影像进行图修处理,计算出被测点的标尺读数和视距值。

1. 认识数字水准仪各部件名称及作用

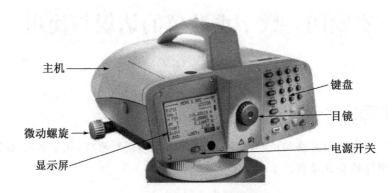

图 2-12　徕卡数字水准仪的结构组成

对照实物和图 2-12 熟悉 DS3 水准仪的构造及各部分组成的功能。

2. 数字水准仪的安置

（1）安置水准仪脚架，注意脚架的高度及开度，确认脚架安置稳定后，将仪器安置到脚架上。

（2）粗平：使用脚螺旋，先调整两个，双手做对称运动，再左手调整另一个，调整的原则是气泡移动方向与左手大拇指移动方向相同，如图 2-13 所示。

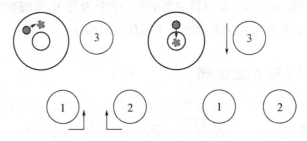

图 2-13　水准仪粗平示意图

（3）望远镜调焦与瞄准

① 调节目镜，使望远镜内十字丝像清晰。

② 瞄准：先粗瞄再精瞄。通过望远镜上方的缺口和准星瞄准水准尺，然后转动望远镜调焦螺旋，使尺像更清楚，转动望远镜水平微动螺旋，使十字丝竖丝对准水准尺。

③ 消除视差：交替调节目镜、物镜调焦螺旋，使十字丝和尺子的像都清楚。

（4）按观测键读数并记录存储。

3. 数字水准仪的测量模式

数字水准仪的测量模式主要有简便测量和线路测量两种：

① 简便测量模式：只测量标尺读数和视距，不区分前后视，不对测量结果进行计算。

② 线路测量模式：主要包括新建或选择作业文件，线路设置、限差设置等功能项。学生在实验教师的指导下熟悉测量模式及设置等工作。

4. 数字水准仪的数据传输

有两种方法将测量的数据传输到计算机中，一种是使用读卡器，在电脑上直接读取PCMCIA卡上的数据，另一种是通过通信接口，设置好通讯参数，使用专门的通讯软件传输到计算机上（不同仪器传输方法略有不同，这里不再详述），最后利用平差软件进行平差处理。

四、注意事项

1. 数字水准仪及条码水准尺属于电子精密仪器设备，使用时需注意保护。
2. 读数时水准尺应扶直，防止倒立，注意确保没有阴影投射到尺面上。
3. 瞄准目标必须消除视差。
4. 仪器搬运必须装箱，防止剧烈震动，仪器工作应远离强的电磁干扰。

五、实验成果

实验成果包括实验观测数据及实验报告。实验结束后，需上交测量实验数据和实验报告。

实验五　静态接收机的认识与使用

◆ **知识目标**

　　GPS 接收机的类型,静态 GPS 接收机的结构组成,常见 GPS 接收机的品牌及特点,GPS 接收机的安置、仪器功能设置以及 GPS 定位的原理。

◆ **能力目标**

　　通过本实验内容的学习实践应使学生具备 GPS 接收机的安置能力,并进一步提高测绘仪器的操作水平;同时,注重培养学生独立思考、分析问题和解决问题的能力。

一、实验目的

　　理解 GPS 定位的基本原理,了解 GPS 接收机的组成及各部分的作用,熟悉 GPS 接收机的基本使用方法,练习使用 GPS 接收机进行数据采集及传输。

二、实验计划与实验仪器

1. 学时与人数

实验为 2 学时,根据仪器数量进行分组。

2. 实验仪器

GPS 接收机、基座及配套脚架,记录手簿、小钢卷尺等。

三、实验方法与步骤

1. GPS 接收机的结构及各部分作用

　　结合实物和图 2-14 熟悉 GPS 接收机的硬件组成(主要由天线、主机、电源 3 部分组成)、接收机各部件的位置、名称及作用,熟悉 GPS 接收机的各项配置及相关技术指标。

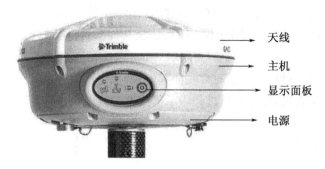

天线
主机
显示面板
电源

图 2 - 14 GPS 接收机

2. GPS 接收机的安置

在测区的 3 个控制点(GPS 控制点需选在空旷的区域,并远离平静的大面积水域或通信设施)上架设三脚架,将对点器基座连接到脚架上,并进行对中整平,然后将 GPS 接收机安装在对点器基座上,并固定好。

3. GPS 接收机静态测量的基本操作

GPS 接收机架设好以后,需量取天线高(开、关机前各量一次),并记录在外业观测手簿上(有些类型的接收机需要将天线高输入接收机中)。

(1)开机

三台接收机同时开机,接收机一旦开机,便立即搜索卫星信号,跟踪卫星并记录数据。状态面板提供观测过程的监视信息,设有"数据记录"、"卫星跟踪"、"电源状态"等指示灯,分别闪烁红、绿(或黄)颜色的灯光信号。

(2)接收机参数设置

包括新建或选取作业文件名及其他参数的输入。

(3)数据接收

在卫星信号的接收过程中,应注意关注卫星接收信号的情况(如 PDOP 值以及数据记录、存储等信息),数据接收需满足的一般要求是定位状态为 3D,PDOP 值小于 6。

(4)关机

数据接收完毕后(一般情况下数据采集时间为 30~40 分钟),应再量取天线高一次,然后三台接收机同时关机,并做好相应的记录。

(5)外业数据采集结束后,应及时将 GPS 接收机的数据传输到电脑上,并利用专门的软件进行平差处理。

四、注意事项

1. 由于 GPS 接收机是集数据接收、数据处理程序于一体的多功能贵重测量仪器,在实习过程中应注意轻拿轻放,按照指导教师的要求进行操作,并注意保护好仪器。

2. 安装(或更换)电池时,应注意电池的正负极性,不要将正负极装反。

3. 在接收机接收数据过程中,不得随意切换功能按键,同时禁止在接收机附近使用通讯工具。

4. 看护接收机,不得远离,要时常关注其电量、数据存储等情况。

5. 不得遮挡接收机,接收数据过程中不得中途对接收机进行重新对中整平。

五、实验成果

实验成果包括实验项目表格及实验报告。实验结束后,需上交测量实验数据和实验报告,实验用表格见表 2-5。

表 2-5　GPS 外业观测手簿

观测者:_____　日　期:___年___月___日 天　气:_____ 时段号:_____ 测站名:_____　等级:_____ 近似经度_____　近似纬度_____　近似高程_____
接收机名称及编号:_____　　天线高测定 　天线高:_____　　　　　　　方法及略图 1:_____　　2:_____ 开始时间(北京时间):_____ 结束时间(北京时间):_____
观测状况记录 电　　池_____　　采样间隔_____ 跟踪卫星_____　　接收卫星_____
本点为:□新建_____等 GPS 点 　　　　□_____等 GPS 旧点 　　　　□_____等三角点 　　　　□_____水准点 　　　　□_____
备注:

实验六　　RTK 系统的认识与操作

◆ **知识目标**

RTK 测量技术的基本原理,RTK 的测量模式,RTK 系统的结构组成、实时动态接收机的安置及坐标采集流程。

◆ **能力目标**

通过本实验内容的学习实践使学生的科学实验能力得到进一步的加强,具备规范地安置和操作 RTK 接收机的实验技能,提高理论联系实际和团队协作能力。

一、实验目的

理解实时动态定位测量技术的基本原理,了解 RTK 系统的组成,认识仪器主要部件的名称及作用,掌握 RTK 系统各组成部分的连接方法,学会基准站、流动站的安置和坐标采集的参数设置。

二、实验计划与实验仪器

1. 学时与人数

实验为 2 学时,按仪器数量进行分组,小组成员轮流进行仪器连接、接收机安置、仪器参数设置、观测、记录等工作。

2. 实验仪器

基准站及配套脚架 1 套,每小组配备 1 台流动站。

三、实验方法与步骤

1. 认识 RTK 系统的各部件名称

图 2-15　RTK 系统组成(1+1)

对照实物和图 2-15 熟悉 RTK 系统的各组成部分的名称及功能。

实时动态定位技术的数据采集原理是:在基准站上设置 1 台 GPS 接收机,对所有可见 GPS 卫星进行连续的观测,并将其观测数据通过无线电传输设备实时地发送给用户观测站。在用户站上,GPS 接收机在接收 GPS 卫星信号的同时,通过无线电接收设备,接收基准站传输的观测数据,然后根据相对定位原理,实时解算整周模糊度未知数并计算显示用户站的三维坐标及其精度。

2. 基准站安置

由教师演示操作,选择环境相对空旷地势相对较高的地方,周围无高度角超过 10 度的障碍物,地面稳固,远离电视发射塔、手机信号发射天线等电磁干扰。

(1)仪器架设:安装基准站主机,将基座、连接器与主机连接并安置到脚架上,将主机与电源线(外置电源)、天线(外接天线)或电台连接好,对中、整平。

(2)使用蓝牙将基准站与手簿连接,新建任务,配置坐标系统并保存。

(3)基准站参数设置:测量类型、天线类型、电台设置、高度角等。

(4)启动基准站,并注意观察信号指示灯。

3. 设置流动站

(1)仪器架设:将对中杆、连接头、流动站主机、天线连接好并开机。

(2)利用测量手簿与流动站主机建立数据通讯,实时查看流动站主机的数据接收情况。

(3)利用手簿进行流动站参数设置,参数设置与基准站一致。

(4)打开数据采集软件,将跟踪杆放置于地面点上,实时采集坐标数据,并保存。

（5）数据文件导出：将手簿与计算机实现数据通讯，将手簿上存储的测量数据导出到电脑上。

四、注意事项

1. 仪器开箱后，要注意查看仪器各组成部分在箱子中的摆放位置，以免装箱发生困难。

2. 由于GPS接收机是集数据接收、数据处理程序于一体的多功能贵重测量仪器，在实习过程中应注意轻拿轻放，按照指导教师的要求进行操作，并注意保护好仪器。

3. 安装（或更换）电池时，应注意电池的正负极性，不要将正负极装反。

4. 在接收机数据采集过程中，禁止在接收机附近使用通讯工具。

5. 不得遮挡接收机，接收数据过程中不得中途对基准站进行重新对中、整平。

6. 数据采集需在"固定解"的状态下操作。

五、实验成果

实验成果包括实验采集数据及实验报告。实验结束后，需上交测量实验数据和实验报告。

第三部分 基础篇

实验七 普通水准测量

知识目标

水准测量原理,水准路线的类型,普通水准测量的外业实施流程,高差闭合差的计算及调整方法。

能力目标

通过本实验的实践学习应使学生具备普通水准路线施测的基本技能,初步具备测量外业的实际作业和单一水准路线的数据平差处理能力。

一、实验目的

掌握单一水准路线的普通水准测量外业施测、记录与计算的工作步骤,学会高差闭合差的分配及由已知高程点求取未知点高程的过程。

二、实验计划与实验仪器

1. 学时与人数

实验为 2 学时,每小组 4~6 人,小组成员轮流进行仪器操作、立尺、观测、记录计算。要求每个人独立完成小组测量数据的平差工作。

2. 实验仪器

每组 1 台 DS3 水准仪及配套三脚架,双面尺 1 对,尺垫 1 对,记录板 1 块,记录手簿 1

张及铅笔等。每人 1 张水准测量平差计算表。

三、实验方法与步骤

1. 以小组为单位，每组进行一个普通闭合水准路线的外业施测和内业计算，每人测一站，一组至少测四站，组成闭合水准路线。这里以 A 组为例，如图 3 – 1 所示，已知 $BM_A = 10.001$ m（其他组已知点高程为 10.002～10.006 m，假设共有 6 个小组），通过闭合水准路线的观测求 A 点的高程。

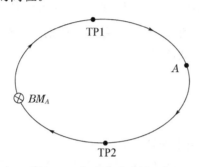

图 3 – 1　闭合水准路线示例

2. 测站的工作

通过测定前后尺读数来计算高差（原理如图 3 – 2 所示），每站的观测程序为：后视点读数→前视点读数。

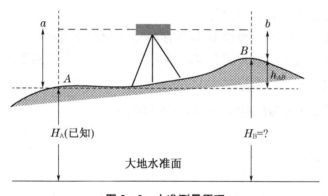

图 3 – 2　水准测量原理

$h_{AB} = a - b, H_B = H_A + h_{AB}$

具体操作步骤如下：

（1）安置仪器和粗平。

（2）望远镜调焦与瞄准。

① 调节目镜，使望远镜内十字丝像清晰。

② 瞄准：先粗瞄再精瞄。通过望远镜上方的缺口和准星瞄准水准尺，然后转动望远镜调焦螺旋，使尺像更清楚，转动望远镜水平微动螺旋，使十字丝竖丝对准水准尺。

③ 消除视差：交替调节目镜、物镜调焦螺旋，使十字丝和尺子的像都清楚。

（3）精平与读数：读数之前用微倾螺旋调节水准管，使气泡居中，然后读取后视与前视读数。

（4）记录与相应的计算。

3. 闭合差的计算及调整

闭合水准路线全线施测完毕后，进行计算、检核，分别计算后视读数和前视读数之和 $\sum a$ 和 $\sum b$，则高差闭合差为 $\sum h = \sum a - \sum b$，如果小于限差［容许的高差闭合差 $f_h \leqslant \pm 40 \sqrt{L}$（平地），$L$ 为路线长，以公里为单位或者 $f_h \leqslant 12 \sqrt{n}$ mm（山地），n 为测站数；本实验采用 $12 \sqrt{n}$］，则进行分配调整，闭合差分配原则为反符号按测站成比例分配，如果超限则要查明原因，并进行重新测量。

四、注意事项

1. 每次读数前，必须使长水准管气泡居中。

2. 读数时水准尺应扶直，防止倒立，水准点上不能用尺垫，在转点用尺垫时，水准尺应放在尺垫顶点。

3. 读数以米为单位，读取小数点后三位（读至毫米）。

4. 瞄准目标必须消除视差。

5. 视线长度一般不宜大于 80 米。

6. 每站测完必须立即进行计算。

7. 仪器未搬站，后视尺不可移动；仪器移站时，前视尺不可移动。

8. 测完全程，当场计算高差闭合差，如果超限应检查原因，否则重测。

9. 容许的高差闭合差 $f_h \leqslant \pm 40 \sqrt{L}$（平地），$L$ 为路线长，以公里为单位或者 $f_h \leqslant 12 \sqrt{n}$ mm（山地），n 为测站数；本实验采用 $12 \sqrt{n}$。

五、实验成果

实验成果包括实验项目表格及实验报告。实验结束后，需上交测量实验数据和实验报告，实验用表格见表 3-1。

表 3－1　普通水准测量记录手簿

日　期：_____年___月___日 _____专业_____级____班____组　天气：_____
仪器型号：_____　观测者：_____　记录者：_____　立尺者：_____

测站	点号	水准尺读数		高差		改正数	高　程	备　注
		后视 a	前视 b	＋	－			
站数＝		$\sum a=$	$\sum b=$	$\sum=$	$\sum=$	闭合差 $f_h=$		
		$\sum a-\sum b=$		$\sum h=$				

实验八　四等水准测量

◆ **知识目标**

高程控制测量的基本方法,水准测量的等级,四等水准测量的作业流程,四等水准测量的各项技术指标,高差闭合差的计算与平差。

◆ **能力目标**

通过本实验的学习实践应使学生具备四等水准路线施测的基本技能,规范地记录测量的原始数据,并能够根据内业计算结果及规定的限差来评定观测的精度,从而进一步培养发现问题、分析问题、解决问题的能力。

一、实验目的

掌握四等水准测量的观测、记录、计算和检核方法,加深对水准网计算平差的理解。

二、实验计划与实验仪器

1. 学时与人数

实验为 2 学时,每小组 4~6 人,小组成员轮流进行仪器操作、立尺、观测、记录计算。

2. 实验仪器

每组 1 台 DS3 水准仪及配套三脚架,双面尺 1 对,尺垫 1 对,记录板 1 块,四等水准测量记录手簿 1 张及铅笔等。

三、实验方法与步骤

1. 每个小组需至少完成两个测站的四等水准测量外业工作和内业数据计算。

2. 外业观测步骤

(1) 在给定的已知高程点和下一点间(两点间距离一般不超过 150 m)架设仪器,在架设仪器前可用同一个人采用量步数的方法,确定仪器的架设位置(视距长度应不大于80 m)。

（2）观测测序为：后后前前（使用的仪器呈倒像）。

后视黑面尺，读取下丝读数（1）、上丝读数（2）、中丝读数（3）。

后视红面尺，读取中丝读数（4）。

前视黑面尺，读取下丝读数（5）、上丝读数（6）、中丝读数（7）。

前视红面尺，读取中丝读数（8）。

3. 测站的数据计算及限差检核（使用的仪器呈倒像）。

$$后视距离（9）=（1）-（2）$$
$$前视距离（10）=（5）-（6）$$

前后视距差（11）=（9）-（10），此项值不应大于 5 mm。

前后视距累计差（12）=前站的（12）+本站的（11），此项值不应大于 10 m。

后视尺黑红面读数差（13）=（3）+K_1-（4），此项值不应大于 3 mm。

前视尺黑红面读数差（14）=（7）+K_2-（8），此项值不应大于 3 mm。

K_1、K_2 为尺常数，K_1 为第一个测站的后视尺尺常数，K_2 为第一个测站的前视尺尺常数，到了第二个测站计算此项时，K_1 与 K_2 需互换，即所有的奇数站后视都用 K_1 计算，前视用 K_2 计算，所有的偶数站后视都用 K_2 计算，前视用 K_1 计算。

$$黑面尺高差（15）=（3）-（7）$$
$$红面尺高差（16）=（4）-（8）$$

黑红面高差之差（17）=（15）-[（16）±0.1 m]=（13）-（14），此项值不应大于 5 mm。

$$高差（18）=0.5×[（15）+（16）±0.1 m]$$

如果各项计算均符合限差，此站测量工作结束，方可搬站。其他此站的计算工作同上，一个水准路线的测量工作结束后即可进行高差闭合差的计算和平差（容许的高差闭合差 $f_h \leqslant \pm 20\sqrt{L}$，$L$ 为路线长，以公里为单位），高差闭合差符合要求即可进行平差，闭合差分配的原则是反符号按测段距离成比例分配，单位取至整 mm。

四、注意事项

1. 注意观测顺序为后后前前。

2. 视线长度一般不宜大于 80 米。

3. 每次读数前，必须使长水准管气泡居中。

4. 瞄准目标必须消除视差。

5. 测量过程中前后尺不得交换，读数时水准尺应扶直，防止倒立，水准点上不能用尺垫，在转点用尺垫时，水准尺应放在尺垫顶点，读数以米为单位，读取小数点后三位（读至毫米）。

6. 每站测完必须立即计算各项限差，包括前后视距差、前后视距累计差、红黑面读数差、红黑面高差之差等，如果任何一项超限则需立即重测；各项限差都符合要求，才可搬站。

7. 仪器未搬站，后视尺不可移动；仪器移站时，前视尺不可移动。

8. 容许的高差闭合差 $f_h \leqslant \pm 20\sqrt{L}$，$L$ 为路线长，以公里为单位。

9. 测完全程，当场计算高差闭合差，如果超限应检查原因，否则重测。

五、实验成果

实验成果包括实验项目表格及实验报告。实验结束后，需上交测量实验数据和实验报告，实验用表格见表 3-2。

表 3-2 四等水准测量记录手簿

日　期：_____年___月___日 _____专业____级____班___组　天气：_____

观测者：_____　　记录者：_____　　计算者：_____　　立尺者：_____

测　自_____至_____　　仪器型号：_____　　　　呈像_____

测站编号	后尺 下丝 / 上丝	前尺 下丝 / 上丝	方向及尺号	标尺读数		K+ 黑减红	高差中数	备注
	后距	前距		黑面	红面			
	视距差 d	∑d						
			后					
			前					
			后—前					
			后					
			前					
			后—前					
			后					
			前					
			后—前					
			后					
			前					
			后—前					
			后					
			前					
			后—前					

实验九　水准仪的检验与校正

◆ **知识目标**

水准仪的几何轴线、水准仪各轴线之间的关系、水准仪检验和校正的基本原理。

◆ **能力目标**

通过本实验内容的学习实践应使学生具备测绘仪器检查、校正的初步能力，正确规范地检验和校正水准仪，培养动手能力和良好的测绘工作习惯。

一、实验目的

熟悉水准仪的各轴线，理解各轴线之间的几何关系，掌握各几何轴线关系的检验和校正方法。

二、实验计划与实验仪器

1. 学时与人数

实验为 2 学时，每小组 4～6 人，小组成员轮流进行仪器操作、校正、立尺、观测、记录等。

2. 实验仪器

每组 1 台 DS3 水准仪(或自动安平水准仪)及配套三脚架，双面尺 1 对，尺垫 1 对，记录板 1 块，记录手簿 1 张及铅笔等。

三、实验方法与步骤

1. 水准仪的轴线及应满足的条件

如图 3 - 3 所示，CC_1 为视准轴，LL_1 为长水准管轴，$L'L_1'$ 为圆水准器轴，VV_1 为仪器竖轴。各几何轴线的关系为：

圆水准器轴平行于仪器的竖轴，即 $L'L_1'/\!/VV_1$。

望远镜十字丝横丝垂直于仪器竖轴。

长水准管轴平行于视准轴，即 $LL_1/\!/CC_1$。

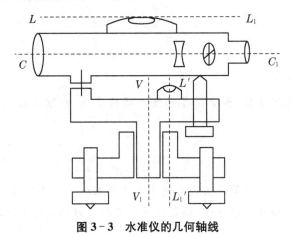

图 3-3　水准仪的几何轴线

2. 水准仪的常规检查

检查水准仪脚螺旋、制动螺旋、微动螺旋、微倾螺旋、目镜与物镜的调焦螺旋是否灵活有效，望远镜成像是否清晰。

3. 水准仪几何轴线的检验与校正

（1）圆水准器轴平行于仪器竖轴的检验与校正

检验：调整 3 个脚螺旋使圆水准器气泡居中，然后将望远镜旋转 180°，如果圆水准器气泡仍居中，则说明满足几何条件，否则就需要校正。

校正方法：利用校正工具（一般为校正针）拨动圆水准器下面的校正螺丝（见图3-4），使气泡返回偏移量的一半，然后调整脚螺旋，使气泡完全居中，按照此方法反复校验，直到望远镜旋转至任何方向圆水准器气泡都居中为止。

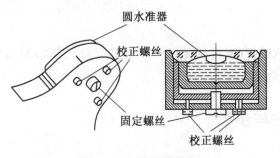

图 3-4　圆水准器校正

（2）望远镜十字丝横丝垂直于仪器竖轴的检验与校正

检验：利用望远镜十字丝的中心点瞄准某一明细目标，通过转动水平微动螺旋，观察明细点是否离开十字丝横丝，如果始终不离开，则说明满足几何条件，否则就需要校正。

校正方法：卸下十字丝分划板护罩，利用工具将十字丝分划板固定螺丝旋松（见图3-5），然后轻微转动十字丝分划板，再利用上述步骤进行检验，直至明细点始终不离开十字丝横丝为止；然后旋紧十字丝分划板固定螺丝，并将十字丝分划板护罩固定好。

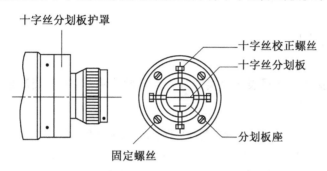

图3-5 十字丝检验与校正

（3）长水准管轴平行于视准轴的检验与校正

检验：

① 于平坦地面相距约60米距离选定A、B两点，安放尺垫，立水准尺，在A、B中点处（或等距离处）安放水准仪，读取A、B点水准尺读数a_1、b_1，并计算高差$h_1 = a_1 - b_1$，改变仪器高，再次读取并计算A、B点高差，如果2次高差相差不超过3 mm，则取其平均值作为h_{AB}。

图3-6 长水准管轴检验与校正

② 将水准仪搬至距离B点约3 m处（见图3-6），读取A、B点水准尺读数a_3、b_3，A尺的正确读数应为$a'_3 = b_3 + h_{AB}$，并根据式（1）计算i角（$\rho'' = 206\,265$）；

$$i = \frac{|a_3 - a'_3|}{D_{AB}} \cdot \rho'' \tag{1}$$

改变仪器高再测一次，两次测得的i角差值不应超过$10''$，如果i角大于$20''$，则需要校正。

校正方法：

首先转动微倾螺旋，使十字丝横丝对准A尺的读数由a_3变a'_3，这时会发现，长水准管气泡不在居中，然后利用校正工具调整长水准管的校正螺丝，使气泡居中，重复以上步骤，直至i角小于$20''$为止。

四、注意事项

1. 必须按照实验规定的操作顺序进行，不得随意调整校正顺序。
2. 调整校正螺丝时，手要有轻重感，先松后紧。
3. 仪器校正属于精密工作，需严谨认真对待，耐心细致工作。

五、实验成果

实验成果包括实验项目表格及实验报告。实验结束后，需上交测量实验数据和实验报告，实验用表格见表 3-3。

表 3-3 水准管轴平行于视准轴的检验与校正

日 期：_____年___月___日 _____专业_____级____班___组 天气：_____
仪器型号：_____ 检查者：_____ 记录者：_____ 检核者：_____

测站位置	点号	水准尺读数		高差		备 注
		后视 a	前视 b	＋	－	
A、B中点	A					第一次
	B					
A、B中点	A					第二次
	B					
A、B中点	A					第三次
	B					
高差均值	$h_{AB}=$			备注		
B 点附近	A					第一次
	B					
修正值	$a_3'=b_3+h_{AB}=$			备注		
i 角	$i=\dfrac{\lvert a_3-a_3'\rvert}{D_{AB}}\cdot\rho''=$			备注		
B 点附近	A					第二次
	B					
修正值	$a_3'=b_3+h_{AB}=$			备注		
i 角	$i=\dfrac{\lvert a_3-a_3'\rvert}{D_{AB}}\cdot\rho''=$			备注		

实验十　测回法观测水平角

◆ **知识目标**

水平角的观测原理，观测水平角的基本方法，一个测回的观测次序，水平度盘的配置方法，测回法的限差及内业计算方法。

◆ **能力目标**

通过本实验内容的学习实践应使学生具备测回法观测水平角的基本技能，能够结合所学角度测量的基本理论知识，利用测绘技术解决生产中所遇到的相关问题，同时，注重培养学生独立思考及运用理论知识的能力。

一、实验目的

掌握利用经纬仪（或全站仪）进行测回法观测水平角的操作程序、记录及计算方法。

二、实验计划与实验仪器

1. 学时与人数

实验为 2 学时，每小组 4～6 人，小组成员轮流进行仪器观测，记录、计算等工作。

2. 实验仪器

每组 1 台经纬仪（或全站仪）及配套三脚架，记录板 1 块，测回法记录手簿 2 张，铅笔等。全班共用觇牌 2 个。

三、实验方法与步骤

1. 小组内的每个同学都需完成一个测回的观测、记录和计算工作。

根据小组成员的个数来确定每一个测回的起始读数，例如小组有 4 名同学，则第一名观测的同学起始方向的读数可以设置为 $0°00'30''$，然后利用公式 $180°/n$ 来计算各测回的起始读数设定值，n 表示需要观测的总的测回数，本例假设需要观测 4 个测回（测回数一般由观测的等级确定,具体的测回数规定,在测量规范中可以查到),则每个测回的起始读数差即为 $180°/n=45°$,则在第三个测回的起始读数应为比 90°略大,比如设为 $90°00'30''$。

2. 一个测回的工作步骤

(1) 安置仪器和觇牌

将经纬仪(或全站仪)安置于 O 点,在 A、B 两点安置觇牌,将仪器和觇牌进行对中、整平(如图 3-7 所示)。

对中整平的步骤如下:

① 用三脚架或脚螺旋使光学对中器分划板上的圆心或十字丝交点对准测点。

② 用三脚架腿的伸缩部分调节三脚架腿的长度,使仪器基本水平(即圆水准器气泡居中)。

③ 用脚螺旋使经纬仪精确整平。

④ 在架头上平移仪器,使仪器精确对中。

⑤ 重复第 3、4 步,达到精确对中和整平。

图 3-7　测回法观测水平角示意图

(2) 测回法一个测回的观测程序为:$A→B→B→A$。

① 盘左位置,瞄准左边的目标 A 点。配置度盘在 0 度或稍大于 0 度(如 $0°00'30''$),读数 $a_左$ 记于手簿。

② 顺时针旋转望远镜,瞄准右边的目标 B 点,读数 $b_左$ 记于手簿。以上为上半测回,得半测回角值 $\beta_左=b_左-a_左$。

③ 倒转望远镜,盘右位置,逆时针旋转照准部,瞄准右边的目标 B 点,读数 $b_右$ 记录。

④ 逆时针旋转照准部,瞄准左边的目标 A 点,读数 $a_右$,并记录。以上为下半测回,得半测回角值 $\beta_右=b_右-a_右$。

则一测回角值 $\beta=(\beta_左+\beta_右)/2$。

⑤ 恢复盘左位置,重新配盘,进行下面的测回。

(3) 测回法的计算步骤

① 计算半测回角值。

② 计算上、下半测回的平均值。

③ 计算各测回间角值的平均值。

限差为：上、下两个半测回角值之差小于 36″，各测回的角度互差应小于 24″（DJ6 经纬仪）。

如果超出限差，则需重新测一个测回，而且需要改变起始方向的度盘配置度数。

四、注意事项

1. 仪器安置到三脚架上，必须旋紧连接螺旋使其牢固。

2. 仪器整平后，仪器转动到任意位置时的气泡偏歪不能超过 1 格。

3. 垂球对中误差不大于 3 mm，用光学对中器对中误差不大于 1 mm。

4. 如使用跟踪杆或测钎，需尽量瞄准底部。

5. 记录时，分、秒一般都要记两位。

6. 上、下两个半测回照准部的水平旋转方向，照准目标的顺序不同。

7. 计算时，取平均值的原则是"奇进偶不进"。

8. 上下半测回间不能配盘，测回间要配盘。

9. 上、下两个半测回角值之差小于 36 秒；各测回的角度互差应小于 24 秒。

10. 观测过程中，若发现水准管气泡偏移，同一测回内不得重新整平，测回间可以重新整平。

五、实验成果

实验成果包括实验项目表格及实验报告。实验结束后，需上交测量实验数据和实验报告，实验用表格见表 3 - 4。

表3-4　测回法水平角观测记录手簿

日　期：＿＿＿＿年＿＿月＿＿日 ＿＿＿＿＿＿＿＿专业＿＿＿＿级＿＿＿班＿＿＿组　天气：＿＿＿＿＿＿

仪器型号：＿＿＿＿＿＿＿＿＿＿＿＿＿＿　观测者：＿＿＿＿＿＿＿＿　记录者：＿＿＿＿＿＿＿＿

测站	目标	竖盘位置	水平度盘读数 ° ′ ″	半测回角值 ° ′ ″	平均角值 ° ′ ″	备注
		左				
		右				
		左				
		右				
		左				
		右				
		左				
		右				
		左				
		右				
		左				
		右				
		左				
		右				

实验十一　竖直角测量

◆ 知识目标

竖盘的构造及竖盘的注记形式,竖直角一个测回的观测流程,竖盘指标差的计算,竖直角的记录、计算方法。

◆ 能力目标

通过本实验使学生具备竖直角观测的基本技能,进一步提高对外业观测过程中所遇问题的分析、解决能力,提升基础知识的运用能力。

一、实验目的

了解经纬仪竖盘的注记形式,掌握竖直角观测、记录及计算的方法。

二、实验计划与实验仪器

1. 学时与人数

实验为 2 学时,每小组 4～6 人,小组成员轮流进行仪器观测、记录、计算等工作。

2. 实验仪器

每组 1 台经纬仪(或全站仪)及配套三脚架,2m 钢卷尺 1 把,记录板 1 块,竖直角记录手簿 1 张,铅笔等。

三、实验方法与步骤

1. 小组内的每个同学都需完成一个测回的竖直角观测、记录和计算工作。
2. 一个测回的工作步骤
(1) 安置仪器于地面点,对中整平,步骤如下:
① 用三脚架或脚螺旋使光学对中器分划板上的圆心或十字丝交点对准测点。

② 用三脚架腿的伸缩部分调节三脚架腿的长度,使仪器基本水平(即圆水准器气泡居中)。

③ 用脚螺旋使经纬仪精确整平。

④ 在架头上平移仪器,使仪器精确对中。

⑤ 重复第3、4步,达到精确对中和整平。

(2) 确定竖盘注记形式,方法为:盘左(右)位置将望远镜放置大致水平,观察竖盘读数,如果在90(270)度左右,则为顺时针注记形式(不同的注记形式,竖直角的计算公式不同)。

目前大多数仪器均采用顺时针注记(见图3-8)。

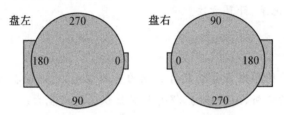

图3-8　竖盘的注记形式(顺时针注记)

(3) 观测步骤为:

① 盘左用中丝精确瞄准目标,调节指标水准管气泡居中,读数 $L_{读}$;

② 盘右用中丝精确瞄准目标,调节指标水准管气泡居中,读数 $R_{读}$;

③ 用下列竖直角的计算公式进行记录计算:

$$竖直角\ \alpha = (R_{读} - L_{读} - 180°)/2$$

$$竖盘指标差\ x = (L_{读} + R_{读} - 360°)/2$$

四、注意事项

1. 仪器安置到三脚架上,必须旋紧连接螺旋使其牢固。

2. 仪器整平后,仪器转动到任意位置时的气泡偏歪不能超过1格。

3. 垂球对中误差不大于3 mm,用光学对中器对中误差不大于1 mm。

4. 每次读数前,都需使指标水准管气泡居中。

5. 记录时,分、秒一般都要记两位,垂直角和指标差都要注明正负号。

6. 计算时,取平均值的原则是"奇进偶不进"。

五、实验成果

实验成果包括实验项目表格及实验报告。实验结束后,需上交测量实验数据和实验报告,实验用表格见表3-5。

表 3-5 竖直角观测记录手簿

日　期：_____年___月___日　　　专业_____级____班____组　　天气：_____
仪器型号：_____　　　观测者：_____　　　　记录者：_____

测站号	目标	盘位	竖直度盘读数 ° ′ ″	竖直角			备注
				半测回值 ° ′ ″	指标差 ″	一测回值 ° ′ ″	
		L					
		R					
		L					
		R					
		L					
		R					
		L					
		R					
		L					
		R					
		L					
		R					
		L					
		R					
		L					
		R					
		L					
		R					
		L					
		R					
		L					
		R					
		L					
		R					
		L					
		R					

实验十二　图根导线布设及平差

◆ **知识目标**

平面控制网的分类、等级，图根导线的种类、布设原则及外业观测流程；导线的内业数据处理及平差。

◆ **能力目标**

通过本实验内容的学习实践，应使学生具备大比例尺地形测图的控制网布设、施测及控制点坐标计算的基本能力，通过现场踏勘培养学生的勘察能力，并进一步提高学生发现、分析、解决问题以及独立思考、知识综合运用能力。

一、实验目的

了解图根导线测量的施测过程，掌握图根导线的布设方法，能够完成图根导线点的布设施测和导线点坐标计算与平差。要求每位同学能够独立完成导线点的坐标计算。

二、实验计划与实验仪器

1. 学时与人数

实验为 2～4 学时，每小组 4～6 人，小组成员轮流进行选点、定点工作，要求每个成员都能独立计算导线平差计算表。

2. 实验仪器

每组花杆 2 个，铁锤 1 把，测钉及木桩各 5 个，油漆 1 罐，记录板 1 块，控制点点之记手簿 1 张，白纸 2 张（绘制选点略图用），直尺铅笔等。每人 1 张导线平差计算表、1 个计算器。

三、实验方法与步骤

1. 根据规范要求绘制导线略图,踏勘,各小组初选导线点,在实验教师的指导下,完成导线点的布设工作。

布设导线点的原则为:视野开阔,相邻点间通视,土质坚实,点位分布均匀,边长适宜、大致相等,避免长短边过渡,便于测边、测角和测量碎部点,尽可能选择较少的点。

图根控制点的个数(平坦开阔地区每平方公里):1:2 000 比例尺 15 个,1:1 000 比例尺 50 个,1:500 比例尺 150 个(图根导线测量的技术要求见表 3-6)。

表 3-6 图根导线测量的技术要求

比例尺	附合导线长度/m	平均边长/m	导线相对闭合差	测回数(DJ6)	方位角闭合差/″
1:500	500	75			
1:1 000	1 000	110	1/2 000	1	$\pm 60\sqrt{n}$
1:2 000	2 000	180			

选点示意如图 3-9 所示。

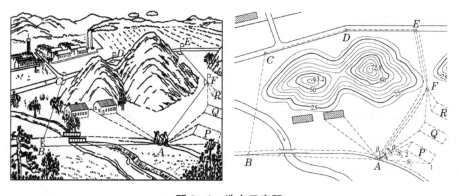

图 3-9 选点示意图

2. 确定了导线点位置后,在各导线点钉下测钉或木桩,木桩上还要钉上小钉,坚硬的路面可以刻十字或是用油漆标注,所有的导线点均需用油漆标明点号和标记,点号一般按逆时针进行编号,对于高等级的控制点还需绘制点之记图。

3. 导线点坐标的计算与平差。

根据已知点的坐标和方位,利用观测的转折角和距离求得各导线点的坐标,具体流程如下(要求每人独立完成导线点的坐标计算和平差)。

(1) 全面检核外业原始观测数据记录,计算是否齐全、正确,限差是否合格。

(2) 抄录已知数据(已知高级点坐标、方位角等)。

（3）绘导线略图（注明点、角度、边长）。

（4）将测量的角度、距离及已知数据填入计算表格。

（5）导线点坐标的计算与平差，采用近似平差方法，角度闭合差反符号平均分配，坐标增量闭合差反符号与边长成比例分配，计算流程如下（以闭合导线为例）：

① 角度闭合差的计算和调整：

计算公式如下：

角度闭合差 $f_\beta = \sum \beta_{测} - \sum \beta_{理}$

闭合差允许值 $f_{\beta允} = \pm 60'' \cdot \sqrt{n}$

改正数 $v = -f_\beta/n$

分配原则：角度闭合差反符号平均分配。闭合差分配时，取整秒，当不能整除时，应凑整，凑整的原则是大角分大、小角分小。

② 推算坐标方位角（方位角的范围为 $0\sim360°$）。

③ 计算坐标增量，计算公式为：

$$\begin{cases} \Delta X_{AB} = S_{AB}\cos\alpha_{AB} \\ \Delta Y_{AB} = S_{AB}\sin\alpha_{AB} \end{cases}$$

④ 计算坐标增量闭合差并调整。

坐标增量闭合差反符号与边长成比例分配

理论值为：$\begin{cases} \sum \Delta X_{理} = 0 \\ \sum \Delta Y_{理} = 0 \end{cases}$

坐标增量闭合差为：$\begin{cases} f_X = \sum \Delta X_{测} - \sum \Delta X_{理} \\ f_Y = \sum \Delta Y_{测} - \sum \Delta Y_{理} \end{cases}$

导线全长闭合差为：$f_s = \sqrt{f_X^2 - f_Y^2}$

相对闭合差为：$K = \dfrac{f_s}{[D]} = \dfrac{1}{[D]/f_D}$

⑤ 推算导线点坐标。

$$\begin{cases} X_{i+1} = X_i + \Delta X_{i,i+1} \\ Y_{i+1} = Y_i + \Delta Y_{i,i+1} \end{cases}$$

四、注意事项

1. 选点应注意导线的等级与边长的关系，注意尽量避免长短边过渡。

2. 选点的位置要注意考虑交通及周边环境，不得选在路中间，同时要有利于长久保存。

3. 如果边长较短，测角时应特别注意仔细对中和瞄准。

4. 导线计算的平差要注意，角度闭合差反符号平均分配并取整，坐标闭合差反符号按照测段距离成比例分配并取整。

五、实验成果

实验成果包括实验项目表格及实验报告。实验结束后，需上交测量实验数据和实验报告，控制点选点略图见图 3 - 10，实验用表格见表 3 - 7、表 3 - 8。

绘图者：

校对者：

图 3 - 10　控制点选点略图

表 3-7　控制点点之记

点名：　　　　　　　　　　　级别：

所在地		标石类型	
点位说明		标石说明	
点位略图			
		作业员	
		检查员	
		作业单位	
		施测日期	

点名：　　　　　　　　　　　级别：

所在地		标石类型	
点位说明		标石说明	
点位略图			
		作业员	
		检查员	
		作业单位	
		施测日期	

专业：　　班级：　　组名：　　计算者：　　日期：

表 3-8　导线坐标计算表

点号	观测角 ° ′ ″	改正数 ″	改正角 ° ′ ″	坐标方位角	距离/m	增量计算值 Δx/m	增量计算值 Δy/m	改正后增量 Δx/m	改正后增量 Δy/m	坐标值 x/m	坐标值 y/m	点号
总和												

辅助计算

$$\sum \beta_{测} =$$

$$\sum \beta_{理} =$$

$$f_\beta =$$

$$f_{允} =$$

$$f_x = \qquad f_y = \qquad f_D =$$

$$K = \frac{f_D}{\sum D} = \qquad\qquad K_{允} =$$

实验十三　经纬仪测绘法测绘地形图

◆ 知识目标

测定碎部点平面位置的方法,经纬仪测绘法的原理,经纬仪测绘法一个测站的外业操作步骤及内业数据处理、绘图流程。

◆ 能力目标

通过本实验内容的学习,应使学生具备大比例尺地形图碎部点施测的基本技能,具备碎部点选取、确定跑尺顺序的能力,培养并形成一定的团队协作能力和创新意识,初步具备测绘技术人员的专业素养。

一、实验目的

掌握碎部点选择的要领,理解经纬仪测绘法的原理,掌握模拟法大比例尺地形图测绘的流程。

二、实验计划与实验仪器

1. 学时与人数

实验为 2～4 学时,每小组 4～6 人,小组成员轮流进行仪器观测、记录、计算、跑尺、展点绘图工作。

2. 实验仪器

每组 1 台经纬仪(或全站仪)及配套三脚架、水准尺或棱镜(含跟踪杆)1 套,记录板 1 块,记录手簿 3 张,白纸 2 张(绘制草图用),图纸 1 张,绘图板 1 块,1 把皮尺,半圆量角器 1 个,大头针 2 个,直尺铅笔等。

三、实验方法与步骤

1. 安置仪器

在测站点上安置仪器,对中整平,具体步骤如下:

(1) 用三脚架或脚螺旋使光学对中器分划板上的圆心或十字丝交点对准测点。

(2) 用三脚架腿的伸缩部分调节三脚架腿的长度,使仪器基本水平(即圆水准器气泡居中)。

(3) 用脚螺旋使仪器精确整平。

(4) 在架头上平移仪器,使仪器精确对中。

(5) 重复第 3、4 步,达到精确对中和整平。

量取仪器高,从地面控制点量取到仪器横轴的高度,单位取至 cm,并立刻填写到碎部测量记录手簿上,其他辅助信息也应都填写完整。

2. 定向工作

利用经纬仪盘左位置瞄准定向点(另一个图根控制点),并配置水平度盘为 $0°00'00''$,完成定向工作(图 3-11 为经纬仪碎部测量示意图),同时在绘图板的图纸上,将测站点和定向点连一条细线作为展点的方向线。

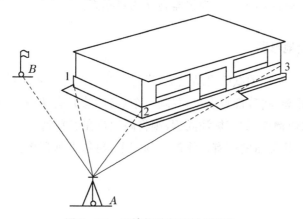

图 3-11　经纬仪碎部测量示意图

3. 碎部点的测量

测量开始前各小组应根据实际的地形情况制订跑尺计划,然后跑尺员即可到地物、地形特征点上立尺,立尺时注意尺子的零点应朝下。

观测员利用盘左位置使仪器的中丝瞄准尺子与仪器高数值相同的位置(或者瞄准尺子的某一整数刻划),读取中丝读数,同时读取上、下丝的读数和水平角读数,然后调节竖盘指标水准管居中,再读取竖盘读数,注意水平角读数读到整的 $5'$,竖盘读数读到整分,然后进行记录并计算。视距及水平距离计算至分米,高差与高程的单位计算至厘米,测量过程要做到随测随算,记录示意见表 3 - 9。

表 3 - 9　碎部测量记录手簿示例

测站点: _A_　定向点: _B_　测站高程 $H=10.56\text{ m}$　仪器高 $i=1.45\text{ m}$　指标差 _0_

点号	下丝 上丝	视距 kn/m	竖盘 读数 L	竖直角 $\pm\alpha$	改正数 $(i-l)/m$	高差 h/m	高程 H/m	水平角 β	水平距 离 D/m	备注
1	1.550 1.350	20.0	87°32′	2°28′	0	0.86	11.42	112°25′	20.0	路灯
2		….	….	….	….	….	….	….	….	….

备注:经纬仪的视距乘常数＝100。

计算公式为:

水平距离: $D=Kn\cos^2\alpha$

α 为竖直角, $K=100$, n 为上下丝读数之差。

高差: $h=\dfrac{1}{2}Kn\sin 2\alpha+i-l$, i 为仪器高, l 为目标高。

4. 上点和勾绘地形图

将半圆量角器固定在图纸的测站点上,将定向线对准量角器上的水平角读数对应的刻度,再依据水平距离,将碎部点展出,并画一个点(如绘制有草图,可在点旁边轻轻写上点号),对于重要的地物点,如需标注高程,则将高程写在点右侧。

重复上述步骤,将测量的所有地物都展到图上,再依据地形图图式,描绘地物、地貌,并进行图面整饰。

5. 其他要求

每个小组至少要观测 20 个以上碎部点,地物类型多样,并能连接成一定的图形。每个组员至少要观测 2 个碎部点,各小组观测、记录、计算、跑尺应轮换。各小组根据实际地形情况的需要绘制测区的草图,草图要标有碎部点的点号。

四、注意事项

1. 小组的成员要注意分工协调,在施测之前应研究跑尺方案。
2. 经纬仪观测过程中,每测量 20 个左右碎部点,应重新瞄准起始方向进行检查。

3. 水平角度读到整 $5'$，距离读到分米，高差计算单位为厘米。

4. 碎部点的分布和密度应适当，并随测随绘。

5. 绘图过程中，要注意保持图面整洁，不得在图纸上乱写乱画，展点应时刻注意精度。

6. 小组成员需轮流作业。

7. 在教学楼等人员密集的地方测量时尤其要注意仪器安全。

8. 仪器用具较多，注意保管。

五、实验成果

实验成果包括实验项目表格及实验报告。实验结束后，需上交测量实验数据和实验报告，实验用表格见表 3-10。

表 3-10 碎部测量手簿

日　期：_____年___月___日　_____专业_____级____班____组　　天气：_____

观测者：_____　　记录者：_____　　计算者：_____　　立尺者：_____

测站点：_____　定向点：_____　测站高程 $H=$_____　仪器高 $i=$_____指标差_____

点号	上丝 下丝	视距 kn/m	竖盘读数 L	竖直角 $\pm\alpha$	目标高 L/m	高差 h/m	高程 H/m	水平角 β	水平距离 D/m	备注

（续表）

点号	上丝 下丝	视距 kn/m	竖盘 读数 L	竖直角 $\pm\alpha$	目标高 L/m	高差 h/m	高程 H/m	水平角 β	水平距离 D/m	备注

备注：经纬仪的视距乘常数＝100。

实验十四　全站仪数字化测图

◆ 知识目标

　　大比例尺数字化测图的基本方法，全站仪编码法数字化测图的外业施测及内业工作流程，地物、地貌特征点的选择方法。

◆ 能力目标

　　通过本实验内容的学习，应使学生具备大比例尺数字化测图的基本技能，具备一定的碎部点选取和编码技巧能力，注重培养学生发现、分析和解决测绘生产实际问题的能力，以及独立思考、知识综合运用及协同创新能力。

一、实验目的

　　进一步熟悉全站仪的功能，理解全站仪数字化测图的流程，掌握利用全站仪编码法进行碎部点坐标采集的过程。

二、实验计划与实验仪器

1. 学时与人数

　　实验为 2～4 学时，每小组 4～6 人，小组成员轮流进行仪器观测、记录、计算、跑尺工作（内业成图另找时间完成）。

2. 实验仪器

　　每组 1 台全站仪及配套三脚架、棱镜（含跟踪杆）1 套，记录板 1 块，白纸 2 张（绘制草图用），小钢卷尺等。绘图工作在机房完成。

三、实验方法与步骤

1. 基本要求

　　每个小组至少要观测 30 个以上碎部点，地物类型多样，并能连接成一定的图形。每个组员至少要观测 4 个碎部点,各小组观测、绘制草图(样图如图 3-12 所示)、跑尺应轮换。各小组根据实际地形情况绘制测区的详细草图,草图要标有碎部点的点号;外业实验结束后,每个人都应根据自己小组测量的数据独立绘制数字地形图。

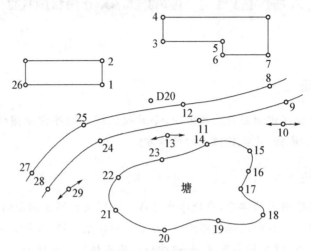

图 3-12　碎部测量工作草图

2. 编码法外业数据采集

全站仪的种类较多,不同类型的全站仪外业数据采集步骤不尽相同,但基本原理是一样的,其数据的采集程序也基本一致,具体操作步骤如下:

(1)安置仪器

抄取控制点资料,可以直接使用控制测量的成果,或者在室内将控制点、定向点的坐标传输到全站仪中,选择某个测图控制点为设站点,在设站点上安置仪器,对中、整平。

① 用三脚架或脚螺旋使光学对中器(或激光对中器)分划板上的圆心或十字丝交点对准测点。

② 用三脚架腿的伸缩部分调节三脚架腿的长度,使仪器基本水平(即圆水准器气泡居中)。

③ 用脚螺旋使全站仪精确整平。

④ 在架头上平移仪器,使仪器精确对中。

⑤ 重复第 3、4 步,达到精确对中和整平。

(2)碎部点坐标测量

开机后,首先设置仪器的有关参数,主要包括外界温度、气压、测距模式等,然后量取仪器高,从地面控制点量取到仪器横轴的高度,单位取至 cm,通过面板功能菜单进入数据采集模式,详细操作如下:

① 新建文件,并以日期命名:如果已有该测区的测量文件,可以调出并选用,这样就可将测量数据保存到一个文件中了。

② 输入测站点的信息,包括测站点的平面坐标和高程,同时输入仪器高。

③ 测站定向工作一般有两种模式：一是输入定向点的平面坐标，全站仪的数据处理模块会自动计算其定向方位，来完成定向；另一种方式是输入测站点与定向点之间的坐标方位角，输入相应的定向参数后，需瞄准定向点并确认，同时需要瞄准定向点处跟踪杆上方的棱镜，测量定向点的坐标，以作检核。

④ 碎部点坐标测量：进入碎部点坐标测量界面，输入起始点的点号，一般从 1 开始，以后测量程序会自动增加，瞄准碎部点处的棱镜（一般将跟踪杆棱镜的高度设置成与仪器等高），输入目标高，按测量键，仪器会自动测量并显示碎部点的坐标和高程，然后输入地物编码（此编码为与成图软件配套的编码，不是地物的国标编码），然后点击保存，同时需在草图上标出该点号，并备注地物属性信息。

重复第 4 步，完成其他碎部点的测量工作。

地形复杂或隐蔽地区也可采用自由设站法。

3. 内业成图流程

（1）数据传输及格式转换。利用与全站仪配套的或专业绘图软件将测量的数据导入计算机，通过数据格式转换软件转换成绘图软件能够识别的格式。

（2）展点及编码识别。使用专业绘图软件，将测量的碎部点展绘到屏幕上，并基于之前外业数据采集时输入的地物编码进行简码识别，自动绘出相应地物的符号。

（3）数字地图编辑与整饰。依据绘制的局部草图，利用软件的编辑功能，对地图进行编辑和绘制，最后完成地图整饰、出图等工作。

四、注意事项

1. 由于全站仪是集光、电、数据处理程序于一体的多功能精密测量仪器，在实习过程中应注意保护好仪器，尤其不要使全站仪的望远镜受到太阳光的直射，以免损坏仪器。

2. 如果全站仪电池没电了，需在关机状态下更换电池。

3. 仪器贵重，仪器旁边必须随时有人看护。

4. 使用无棱镜模式激光测距时，镜头绝不可以照准人脸，也不可以瞄准棱镜，以免发生事故。

5. 观测过程中如果提示补偿超限，则需对仪器重新对中整平。

6. 小组的成员要注意分工协调，在施测之前应研究跑尺方案；跑尺员在跑尺过程中需按照编码的规则进行跑尺。

7. 观测过程中，每测量 20 个左右碎部点，应重新瞄准起始方向进行检查。

8. 地形较为复杂区域，需绘制较为详细的草图。

9. 全站仪新建的坐标采集文件，一般以日期命名。

10. 数据文件及时备份。

五、实验成果

实验成果包括实验项目表格及实验报告。实验结束后,需上交测量实验数据和实验报告,碎部点草图见图 3－13。

草图位置说明:
绘图者: 校对者: 日　期:

图 3－13　碎部点草图

实验十五　利用 CASS 软件绘制地形图

◆ **知识目标**

数字地形图的概念,CASS 绘图软件基本功能及特点,大比例尺数字地形图测绘的内业流程。

◆ **能力目标**

通过本实验内容的学习实践,应使学生具备数字化测图的数据传输、绘制等基本技能,能够结合所学大比例尺数字地形图测绘的基本理论知识,利用测绘技术解决测图生产中遇到的相关问题,同时,注重培养绘图软件独立操作及创新能力。

一、实验目的

掌握 CASS 软件绘制数字地形图的基本操作,能够利用 CASS 软件实现编码法全站仪数字测图的数据传输、内业成图;初步掌握数字地形图的绘制方法。

二、实验计划与实验仪器

1. 学时与人数

实验为 2~4 学时,小组中的成员需根据采集的外业数据独立绘制地形图。

2. 实验仪器

每组 1 台全站仪及数据传输线,草图每人 1 份,CASS 9.0 软件、计算机等。

三、实验方法与步骤

1. 数据传输

(1) 连接数据线

选用专用的数据传输线将全站仪与计算机连接起来,连接时要仔细查看接口的形状,并将传输线的接口对准仪器,进行连接。

（2）设置通讯参数

在主菜单选择"数据"菜单下的"读取全站仪数据",然后在"仪器"列表中选择全站仪的型号,并设置相应的通讯参数（见图 3 - 14）。

图 3 - 14　数据传输参数设置

同时在全站仪上设置同样的通讯参数,并设置数据文件的保存位置和文件名称。

（3）数据传输

点击"转换"按钮,根据提示完成数据的传输工作。

（4）有些型号的全站仪不能直接使用 CASS 软件进行数据传输,这时需下载专门的数据传输软件来进行数据传输,并将数据格式转换为 CASS 的标准数据格式。

2. 数字地形图绘制

（1）无码作业模式

一般使用"点号定位"法成图,其操作步骤如下：

① 在"屏幕菜单"选择"点号定位",然后读取后缀名为 * . DAT 格式的数据文件,将数据文件读入。

② 在主菜单选择"绘图处理"下的"展野外测点点号",输入成图比例尺,然后读取后缀名为 * . DAT 格式的数据文件,将所测数据展绘到屏幕中。

③ 绘平面图,根据草图和软件右侧"屏幕菜单"的地物类型,进行地形图的绘制。

（2）编码作业模式

① 在主菜单选择"绘图处理"下的"展野外测点点号"，输入成图比例尺，然后读取后缀名为 ＊.DAT 格式的数据文件，将所测数据展绘到屏幕中。

② 在主菜单选择"绘图处理"下的"简码识别"，然后读取后缀名为 ＊.DAT 格式的数据文件，当命令行出现提示"简码识别完毕"，即可看到进行过编码的地物已经按照编码绘制出相应的地物了。

③ 根据草图和软件右侧"屏幕菜单"的地物类型，完成地形图的全部绘制工作。

（3）等高线绘制

① 在主菜单选择"绘图处理"下的"展高程点"，输入成图比例尺，然后选取文件名为 Dgx.DAT（CASS 软件自带示例数据）的高程数据文件，接下来在命令行输入"等高距"，高程点数据就展绘到屏幕中了。

② 在主菜单选择"等高线"菜单下的"建立 DTM"，然后选取文件名为 Dgx.DAT 的高程数据文件，这样就生成了三角网（见图 3-15）。

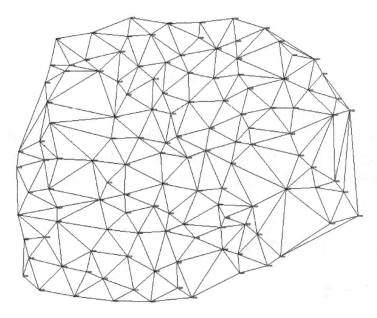

图 3-15 利用 CASS 示例数据建立的三角网

③ 在主菜单选择"等高线"菜单下的"绘制等高线"，设置最大、最小高程，等高距、拟合方式等参数，点击"确定"，即可生成等高线；等高线生成后，再选择"等高线"菜单下的"删三角网"，这时等高线就绘制完成（见图 3-16），然后根据实际情况对等高线进行必要的修剪。

图 3-16　绘制完成的等高线

（4）文字注记及图廓设置

点击右侧"屏幕菜单"的"文字注记"项，根据测图实际需要标注文字注记；用鼠标左键点击"绘图处理"菜单下的"标准图幅"，设置图名、左下角坐标、接图表、测量员、绘图员、检查员等相应参数，然后点击确认，即可得到一幅完整的大比例尺地形图。

（5）绘图输出

地形图绘制完成后，可用绘图仪或打印机等设备输出；在主菜单选择"文件"菜单下的"绘图输出"，然后设置相关打印参数，打印出图。

四、注意事项

1. 全站仪与计算机进行数据连接时，要仔细查看数据线接口，安装时需有轻重感。

2. 绘制的数字地形图要边绘边保存，并及时将传输出来的数据做好备份。

3. 在利用 CASS 软件进行数字地形图绘制过程中，应时刻关注软件命令行的提示，按照命令行的提示进行操作。

五、实验成果

实验成果包括传输的数据文件、绘制的数字地形图及实验报告。实验结束后，需上交测量实验数据、数字地形图及实验报告。

实验十六　平面位置测设

◆ 知识目标

平面位置测设的方法，极坐标法放样的原理，全站仪测设平面位置的操作过程。

◆ 能力目标

通过本实验内容的学习，应使学生具备平面位置施工放样的实践技能，学会团结配合与协作，进一步提升综合素质和创新能力。

一、实验目的

学会使用全站仪放样点的平面位置的方法，掌握极坐标法放样的原理及放样的流程。

二、实验计划与实验仪器

1. 学时与人数

实验为 2 学时，每小组 4～6 人，小组成员轮流进行仪器操作、放样、观测、记录、检核。

2. 实验仪器

每组 1 台全站仪及配套三脚架；单棱镜 1 个，跟踪杆 1 根，记录板 1 块，记录手簿 1 张、计算器、木桩、铁锤、钉子及铅笔等。

三、实验方法与步骤

1. 极坐标法放样原理(如图 3－17 所示)

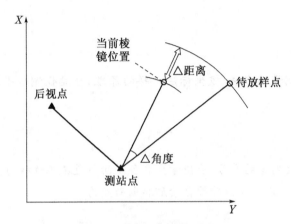

图 3－17　极坐标法放样示意图

2. 放样步骤

(1) 测设的准备工作

准备放样所用的仪器设备,抄录控制点资料,测设数据的计算。

(2) 测设过程

① 在放样的控制点上安置全站仪,对中、整平、开机,进入放样程序,调取或输入测站点坐标、仪器高。

② 后视定向:可以利用后视点的坐标或已知控制点间的方位角定向。

③ 调取或输入放样点坐标,棱镜高。

④ 移动测杆棱镜,按全站仪指示精确放样点位。

不同全站仪的操作步骤略有不同,教师做演示性讲解。

要求每个同学至少分别独立放样 1 个点。

(3) 检查

检查放样点的位置,可以通过距离或角度进行检查,一般施工放样要求距离的相对误差小于 1∶3 000,角度放样误差小于 $1'$。

四、注意事项

1. 全站仪属于精密光电仪器,实验过程中需保护好仪器,以免损坏。

2. 全站仪测量距离时,一般情况下不要设置为跟踪测量模式,防止浪费电量。

3. 放样测距时,注意查看全站仪的棱镜常数要与棱镜匹配。

4. 使用无棱镜模式激光测距时,镜头绝不可以照准人脸,也不可以瞄准棱镜,以免发生事故。

5. 实际测设时需注意,先大致放样角度,等放样的距离差较小后再精确放样角度,这样可以提高作业效率。

五、实验成果

实验成果包括实验项目表格及实验报告。实验结束后,需上交测量实验数据和实验报告,实验用表格见表 3 - 11。

表 3 - 11　平面位置测设记录手簿

日　期:_____年___月___日 _____专业_____级____班____组　天气:_____
仪器型号:_____　观测者:_____　记录者:_____　校对者:_____

	点名	$X(N)$坐标	$Y(E)$坐标
设站点			
定向点			
方位角			

放样点号	放样坐标 $X(N)$	放样坐标 $Y(E)$	检查坐标 $X(N)$	检查坐标 $Y(E)$	备注

实验十七　高程测设

◆ **知识目标**

高程测设的基本原理,放样高程的几种类型,建筑物施工测量中水准仪测设高程的操作流程。

◆ **能力目标**

通过本实验内容的学习实践,应使学生具备水准仪测设高程的实验技能,培养学生综合应用所学知识,独立思考问题、解决问题的能力。

一、实验目的

理解高程放样的基本原理,熟悉高程放样中的计算工作,掌握利用水准仪放样高程的基本方法。

二、实验计划与实验仪器

1. 学时与人数

实验为 2 学时,每小组 4~6 人,小组成员轮流进行仪器操作、立尺、观测、记录计算。

2. 实验仪器

每组一台 DS3 水准仪及配套三脚架;双面尺 1 对、尺垫 2 个、记录板 1 块、记录手簿 1 张,木桩、钢钉及铅笔等。

三、实验方法与步骤

1. 安置水准仪,读取后视已知点的中丝读数。
2. 根据测设点的高程和后视已知点的中丝读来计算出测设点的前视应读数(b 应),高程放样的计算公式如下:
(1) 正尺计算公式: $b_{应} = a - h_{AB} = a - (H_B - H_A)$

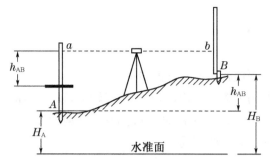

图 3-18　一般高程放样示意图

（2）倒尺：待放样位置位于水准仪视线上。

计算公式：$b_倒 = H_B - (H_A + a)$

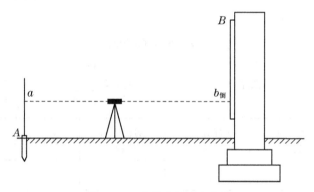

图 3-19　高墩台的高程放样

（3）高差较大时：

计算公式为：$b_2 = H_A + a_1 - (b_1 - a_2) - H_B$

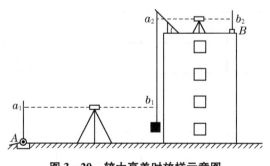

图 3-20　较大高差时放样示意图

3. 在木桩边上下移动水准尺使前视读数为计算出测设点的前视应读数,标记出测设的位置。

要求每人测设 2 个以上地物点的高程位置,放样点的高程由教师根据实验场地设定。

4. 放样点检核。

四、注意事项

1. 每次读数前,必须使长水准管气泡居中。
2. 各螺旋转动时,用力应轻而均匀,不得强行转动,以免损坏。
3. 读取中丝读数前,一定要使水准管气泡居中,并消除视差。
4. 注意正、倒尺的计算方法不同。

五、实验成果

实验成果包括实验项目表格及实验报告。实验结束后,需上交测量实验数据和实验报告,实验用表格见表 3 - 12。

表 3 - 12　高程测设记录手簿

日　期:_____年___月___日　_____专业_____级___班___组　天气:_____
仪器型号:_____　　观测者:_____　　记录者:_____　　校对者:_____
已知高程点:_____　　　　　　　　　　　　　　　高程:_____

放样点号	测设点高程	后视读数 a	前视应有读数 b	实际读数	备注

实验十八　全站仪纵横断面测量

◇ 知识目标

线路纵横断面的测量方法，全站仪测量道路纵横断面的施测流程。

◇ 能力目标

通过本实验内容的学习实践，应使学生具备全站仪施测道路纵横断面的实验技能，进一步提高全站仪的操作能力，提升综合素质和创新能力。

一、实验目的

进一步熟悉全站仪的功能，掌握全站仪纵横断面测量的方法。

二、实验计划与实验仪器

1. 学时与人数

实验为 2 学时，每小组 4～6 人，小组成员轮流进行仪器操作、立尺、观测、记录计算。

2. 实验仪器

每组 1 台全站仪及配套三脚架；小钢尺 1 把、跟踪杆 1 个、单棱镜 1 个、记录板 1 块、记录手簿 1 张及铅笔等。

三、实验方法与步骤

1. 在教师的指导下选取一条长约 150 米的线路，在线路的端点上钉木桩，然后在线路中间每隔 20 米钉一木桩，坡度和方向变化处需要再加桩，起点的桩号定为 0＋000。

每组完成约 150 m 长的道路纵断面测量及至少 2 个横断面测量任务；测量示例见图 3－21。

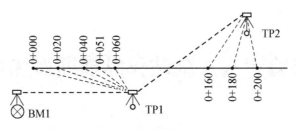

图 3 - 21　纵断面测量示意图

2. 纵断面测量

如图 3 - 21 所示：先在 BM1 上安置全站仪，对中、整平，量取仪器高，分别测定各转点 TP1、TP2 的高程，再在 TP1、TP2 上架设仪器，测定各桩点的高程。还应从 BM1 测至附近的另外一个水准点上，进行高差闭合差的检核。

3. 横断面测量

在里程桩上任意选取 2 个横断面进行测量，操作过程如下：

（1）在需要测量横断面的里程桩上安置全站仪，对中、整平，量取仪器高，并设置跟踪杆棱镜高度与仪器高一致，利用全站仪瞄准线路的垂直方向，并配置水平度盘为 0 度。

（2）将全站仪向左旋转 90 度，然后在该方向上的坡度变化处竖立棱镜，测量水平距离和高差，距离读至分米，高差读至厘米，记录并计算各变坡点的高程；同理，再测量横断面的另一个方向。

4. 根据纵横断面测量数据绘制纵横断面图，纵断面水平距离比例尺为 1：2 000 或 1：1 000，高程比例尺一般为水平比例尺的 10～20 倍，横断面图水平距离和高程的比例尺可以均取 1：100。

四、注意事项

1. 全站仪属于多功能精密光电仪器，在实验过程中应注意保护好仪器，以免发生损坏。

2. 全站仪测量距离时，一般情况下不要设置为跟踪测量模式，防止浪费电量。

3. 纵、横断面测量要注意前进的方向及前进方向的左右。

4. 间视读数没有检核，读数及计算需要认真仔细，以防产生错误。

5. 横断面测量的立尺点应选择在坡度变化处。

6. 绘制纵横断面图时注意比例尺的选择。

五、实验成果

实验成果包括实验项目表格及实验报告。实验结束后，需上交测量实验数据和实验报告，实验用表格见表 3 - 13、表 3 - 14。

表 3－13　全站仪纵断面测量记录表

仪器型号：_____　　日期：_____　　天气：_____　　　　组号：_____

观测者：_____　　　记录者：_____　　　　　　立棱镜者：_____

测站点_____　　高程_____m　　仪器高_____m　　棱镜高＝_____m

桩号或转点名称	与测站点间高差/m	桩号或转点高程 H/m	备注

表 3 - 14　全站仪横断面测量记录表

仪器型号：_____　　日期：_____　　天气：_____　　组号：_____

观测者：_____　　记录者：_____　　立棱镜者：_____

测站点_____　　高程_____m　　仪器高_____m　　棱镜高＝_____m

左侧（单位：m）	桩号	右侧（单位：m）
$\dfrac{高程}{至桩点平距}$　…　…　…　…　…　…　…		$\dfrac{高程}{至桩点平距}$　…　…　…　…　…　…　…

第四部分　综合篇

测量学综合实习

一、实习的性质

测量学综合实习课程是综合性实验课程，是对普通测量基本理论的综合掌握和操作练习的课程。通过本实习课程的学习，学生能掌握测量学的基本知识、理论和方法，熟练利用水准仪、经纬仪、全站仪等测绘仪器进行控制测量、碎部测量和地形图成图，掌握基本地形图的测制方法和地图读图、识图、用图的能力，同时了解现代测绘新技术、新方法及其应用；在实践上，学生能够利用常规仪器绘制简单的地形图，了解与 GPS、RS、GIS 等相关技术的结合和应用。

二、实习目的及任务

测量学综合实习是综合、全面考查学生的课程学习情况、掌握程度及实际动手能力的综合性实验。目的是使学生根据已学习的测量知识，熟练地掌握大比例尺地形图测绘的步骤和基本方法。通过实习，不仅可以锻炼学生吃苦耐劳、团结互助的精神，而且可以培养学生独立思考、分析问题和解决问题的能力，同时进一步加深学生对基本理论的理解和认识。

测量学综合实习是在课堂教学结束之后在实习场地集中进行的测绘实践性教学，是各项课间实验的综合应用，也是巩固和深化课堂所学知识的必要环节。通过实习，学生不仅了解基本测绘的全过程，系统地掌握测量仪器操作、地图绘制等基本技能，而且可为今后解决实际工程中的有关测量问题打下基础，还能在业务组织能力和实际工作能力方面得到锻炼。在实习中应具有严格认真的科学态度、踏实求是的工作作风、吃苦耐劳的献身精神和团结协作的集体观念。

实习任务:掌握大比例尺地形图测图方法。

三、实习计划及实习要求

1. 实习动员与组织

(1) 实习动员

由有关领导或指导教师讲明实习的重要性,介绍实习场地情况,提出实习任务和计划,宣布实习组织机构、分组名单、实习纪律,说明仪器工具借领办法和损耗赔偿规定,提出实习注意事项等,以保证实习顺利进行。

(2) 实习组织

以班级为单位分若干小组,每组 5~6 人,设组长 1 人,组长负责全组的实习安排及仪器管理工作。

2. 实习地点和时间安排

实习地点:一般为学校校园内。

本实习的主要内容为大比例尺地形图测绘(测图方法可以根据实际情况选择模拟法或数字法),包括控制测量、碎部测量、地图绘制等。根据专业(非测绘专业)性质,实习时间为 1~2 周(具体时间可以根据不同专业的要求由测区范围大小来决定);具体时间安排如下:

(1) 控制点(导线点)的选点、导线网络图、碎部点简图、四等水准点选点(0.5~1 天)。

(2) 图根导线的测量,水准测量(1~2 天)。

(3) 导线点、水准内业平差和计算(1 天)。

(4) 碎部测量(2~3 天)。

(5) 内业聚酯薄膜成图(或数字化成图)(1~2 天)。

(6) 检查返测(0.5~1 天)。

3. 实习仪器设备

每个实习小组需配备:全站仪 1 台(配套脚架 3 个、棱镜 2 个、觇牌 2 块、棱镜杆 1 根、电池 2 块、充电器 1 个、数据传输线 1 根),DS3(或自动安平)水准仪 1 台(配套脚架 1 个、水准尺 1 对、尺垫 2 个),记录板 2 块,钢卷尺(2 m)1 个,绘图工具(或绘图软件)1 套。导线测量手簿 1 本,水准测量手簿 1 本,导线内业计算纸 1 张/人,聚酯薄膜(60 cm×60 cm)1 张,碎部手簿若干张,实习报告纸 5 张/人。每组计算器 2 个,铅笔 2H、3H 自备。

4. 实习基本要求

(1) 实习记录手簿要求全部用 2H 或 3H 铅笔填写。

(2) 按照仪器使用规范严格要求操作仪器,仪器出现故障须立刻请教老师。

（3）每天作业时间为上午 8：00—11：30，下午 1：30—4：30。

（4）每天下午 4：30 全体集中，汇报当天的工作进程及存在问题。

（5）每组组长记录当天的实习进度。

四、实习内容与方法

（一）控制网的布设

1. 目的

根据实地地形，进行导线点的选择以及控制网的网络布控图设置。

2. 准备工作

地点：校区测量范围。

仪器：皮尺、测钉、木桩、喷漆、锤子。

复习控制网的布设方法。

3. 方法与步骤

（1）勘察地形。

（2）选择不同等级的控制点，并在草稿纸上绘制测量控制网。

（3）在控制点上打桩。

（4）学会绘制点之记。

（二）导线测量

1. 目的

通过对导线的测量及手簿的计算和填写，掌握平面控制测量的方法及原理。

2. 准备工作

（1）仪器准备：全站仪、活动觇标、观测手簿。

（2）在场地上选择控制网络图，构成闭合、附合或支导线，要求点与点之间的通视情况良好，便于用钢尺量距或光电量距，点要稳定。

3. 方法与步骤

图根控制测量工作可以采用全站仪或 RTK 系统来完成，下面以全站仪导线测量为例说明观测步骤：

（1）分组观测。

（2）利用全站仪测出每个控制点与相临控制点的夹角，在定向边的观测上，角度观测要多一个测回，按二级导线的要求进行观测。

（3）距离测量采用光电测距。

（4）按照导线计算手簿进行平差计算。

（5）检查手簿的记录情况。

如采用 RTK 系统实现图根控制测量工作，详细操作流程见认知性实验。

4. 总结

（1）整理测量成果。

（2）导线布设的形式与实地情况的关系。

（3）控制测量的方法与步骤同仪器等级的关系。

（4）检查控制测量成果表是否符合要求、是否超限。

（三）罗盘仪的使用

1. 目的

通过对罗盘仪原理的理解，使学生能够利用罗盘仪来确定直线的磁方位角。并把测得的磁方位角作为控制导线的起始方位角（本测量采用独立坐标系）。

2. 准备工作

（1）地点：选择已经做好的两个控制点作为标准直线（最好是校园中视野开阔处的控制点）。

（2）仪器：三脚架、罗盘仪（30′或 1°分划），使用前检查仪器的灵敏度。

（3）复习罗盘仪的构造与原理（磁针、度盘、瞄准设备等）。

3. 方法与步骤

（1）先了解自己所使用的罗盘仪的各部分组成的名称及各个部件、螺旋的使用方法和功能，再明确度盘的刻度（30′或 1°的最小刻划）。

（2）观测中要对中、整平，放松磁针，用望远镜照准标志，磁针静止时所指方向为磁子午线方向。

（3）多次观测测量求平均值作为成果。

（4）避开高压线及大的铁器。

4. 总结

（1）整理观测成果。

（2）学习手簿的记录方法。

（3）磁方位角的大小测定。

（四）四等水准测量

1. 目的

通过四等水准测量,使学生掌握利用水准仪进行高程控制测量的方法,同时学会如何对测量数据进行简单平差;测定每个控制点的高程值。

2. 准备工作

（1）进行闭合四等水准测量,先确定一起始点（确定其高程）,同时确定待定水准点（思考如何设站）。

（2）仪器准备:S3 水准仪（望远镜放大倍数在 24 倍以上,水准管分划值不大于 $25''/2$ mm）,水准尺 2 根（一把为 4687,一把为 4787,思考为何用这样的两根尺子）,尺垫 2 个,观测手簿。

3. 方法与步骤

（1）分组观测。

（2）规划好观测水准路线,考虑如何布设水准点可以对水准控制测量起控制作用。

（3）测站点的布设,要设在两水准尺的中垂线上。

（4）仪器的整平、瞄准（注意消除视差）。

（5）读数记录。

（6）在迁站前注意各站上数据是否在限差范围内。

（7）测完进行闭合差的计算,确定是否超限,最后进行平差。

4. 总结

（1）整理观测成果。

（2）高程控制测量的方法。

（3）四等水准测量的各项限差。

（五）全站仪的使用

1. 目的

掌握全站仪的使用方法,操作键盘各个按钮的功能以及液晶显示器上显示的数字的含义,同时掌握全站仪的测角、测距的功能。

2. 准备工作

（1）地面选择两个已知坐标的控制点及一个定向边。

（2）仪器准备:全站仪、三脚架（2 个）、棱镜（1 个）、活动觇标（2 个）。

（3）手簿、电池等，电池充足电。

3. 方法及步骤

（1）分组观测。

（2）在有定向边的一控制点上架设全站仪，注意对中整平，在另一控制点上架设棱镜，同样要对中整平。

（3）了解全站仪的开关机的步骤，操作键盘的作用和功能，菜单的含义及功能。

（4）先利用定向边按经纬仪的测量方法练习用全站仪观测角度。

（5）利用全站仪进行测距。

（6）根据定向边的坐标方位角计算测量边的坐标方位角并计算测得的距离与坐标反算距离的差。

4. 总结

（1）整理成果。

（2）全站仪与光学经纬仪的区别。

（3）全站仪的测距原理。

(六) 碎部测量的方法

碎部测量的方法根据成图方式的不同而不同：模拟法测图采用经纬仪测绘法，数字化测图采用草图编码法，编码法数字化测图的流程请参考"全站仪数字化测图"实验，这里以模拟法测图为例。

1. 目的

通过利用经纬仪极坐标法观测碎部点，掌握碎部测量的方法，同时把握用全站仪、光学经纬仪、钢尺等测量仪器综合使用来测量碎部点的方法和原理。

2. 准备工作

（1）对测区范围的地形和地貌，选择合适的碎部点。

（2）场地应选择事先已经做好图根控制点的地区，方便于对碎部点进行观测。

（3）仪器准备：经纬仪一台、（或全站仪、棱镜、跟踪杆）、三脚架、活动觇标等。

（4）准备碎部测量观测手簿。

3. 方法与步骤

（1）选择在一个测站上可以观测的碎部点的情况，然后确定每一个碎部点观测的方法。

（2）在图根控制点上架设仪器，对中整平。

（3）选择起始方向，利用极坐标法进行碎部点测量。

（4）对观测结果记录、计算。

4. 总结

（1）测量成果资料的整理。
（2）掌握极坐标法观测碎部点的方法。
（3）掌握选择碎部点和确定碎部点观测手段的方法。
（4）掌握碎部观测手簿的填写和计算。

（七）地形图的绘制

模拟法使用聚酯薄膜手绘成图，编码法数字化测图使用南方 CASS 软件成图（成图流程详见相关实验），模拟法地形图绘制的方法如下：

1. 目的

通过对校园平面图的测绘，使学生掌握坐标控制格网的绘制方法，利用控制测量、碎部测量的成果展绘控制点和碎部点，从而熟悉地形实地成图的一般过程。

2. 准备工作

（1）图纸准备：聚酯薄膜。
（2）2H 或 3H 铅笔，坐标格网尺、量角器等。
（3）绘图板。

3. 方法与步骤

（1）理解利用坐标格网尺绘制坐标格网的方法。
（2）展绘控制点。
（3）利用控制点展绘碎部点。
（4）图廓整饰。

4. 总结

（1）展绘坐标格网的方法。
（2）展绘控制点和碎部点的方法。
（3）如何进行图廓整饰。

五、实习技术要求

1. 平面控制测量

在测区实地踏勘，进行布网选点，平坦地区（量距方便的情况下）一般布设闭合导线或附合导线;在导线点进行外业测角与量距,经过内业计算获得点位坐标。导线测量的观测要求见表 4-1。

表 4-1　导线测量观测指标

等级	导线长度	平均边长	测角中误差	测距中误差	测距相对中误差	测回数(J6)	方位角闭合差	相对闭合差
二级	2.4	0.25	8	15	<1/14 000	3	16	<1/10 000
三级	1.2	0.1	12	15	<1/7 000	2	24	<1/15 000
图根	<1	75 m	30			1	60	<1/2 000

（1）踏勘选点

每组在指定的测区进行踏勘,了解是否有已知等级控制点,熟悉测区施测条件,根据测区范围和测图要求确定布网方案和选点。选点的密度应能覆盖整个测区,便于碎部测量,一般要求相邻点之间的距离在 60~100 m,相邻导线边长应大致相等,控制点的位置应选在土质坚实、便于保存标志和安置仪器、通视良好、便于测角和量距、视野开阔、便于施测碎部点之处,并用油漆、小钉等在地上标记并编号。

（2）水平角观测

在每个导线点上用 DJ6 光学经纬仪（或全站仪）观测水平角一测回。每测回半测回较差≤40″。导线角度闭合差的限差为 $\pm 60''\sqrt{n}$,n 为导线的测站数目。具体观测要求见表 4-2。

表 4-2　一级以下水平角方向观测指标

仪器型号	半测回归零差	各测回同一方向值较差	备注
J2	12	12	
J6	18	24	

（3）边长测量

导线的边长量测使用全站仪,不用进行对边量测。

如导线的边长用钢尺量测,则按一般量距的方法往、返丈量,在平坦地区边长相对误差的限差为 1/2 000,特殊困难地区限差可放宽为 1/1 000,导线全长相对闭合差的限差为 1/2 000。

（4）连测

当测区内无已知点时,应尽可能找到测区外的已知控制点,并与本区所设图根控制点进行连测,这样可使各组所设控制网纳入统一的坐标系统,也便于相邻测区边界部分的碎部测量。对于独立测区,也可用罗盘仪测一条导线边的磁位方位角,并假定一点的坐标为起算数据。

（5）导线点坐标计算

首先校核外业观测数据,在观测成果合格的情况下进行闭合差配赋,然后由起算数据计算各控制点的平面坐标,计算中角度取至秒,边长和坐标值取至 mm。

2. 高程控制测量

在踏勘的同时布设高程控制网,测定导线点的高程。由已知高程点(水准点)开始,采用四等水准测量方法。水准路线布网形式可为附合或闭合路线。

（1）水准测量

用 DS3 水准仪沿水准路线设站单程施测,各站采用双面尺法或两次仪器高法进行观测,并取平均值作为该站的高差。图根水准测量的视线长度不大于 100 m,同测站两次高差的差数不大于 ± 5 mm。路线允许高差闭合差为 $\pm 40\sqrt{L}$(mm)或 $\pm 12\sqrt{n}$(mm),式中 L 为以公里为单位的单程路线长度,n 为测站数。四等水准测量的观测要求见表 4-3。

表 4-3　四等水准测量主要指标(S3)

视线长度	前后视距差	前后视累计差	视线离地面最低高度	红黑面读数较差	红黑面所测高差较差
100 m	5 m	10 m	0.2 m	3.0 mm	5.0 mm

（2）高程计算

对路线闭合差进行配赋后,由已知点高程推算各图根点高程,观测和计算单位取至毫米,最后成果取至厘米。

六、实习注意事项

1. 实习的各项工作以小组为单位进行,组长要认真负责、合理安排,使每人都有练习的机会;组员之间应团结合作、密切配合,以确保实习任务顺利完成。

2. 实习过程中应严格遵守仪器操作的有关规定。

3. 每天施测前和收工前都应清点仪器工具,检查是否带齐遗失,每项阶段性工作完后,要及时收还仪器工具,整理成果资料。

4. 严格实习纪律,病假需要有医生证明,事假应经教师批准;禁止擅自离开实习岗位、下水游泳、严禁在外宿夜等;尊重当地风俗,搞好群众关系;爱护花木、农作物和公共财产,注意饮食和环境卫生。

七、实习成果整理、上交与考核

1. 实习成果整理

测量实习结束后,应对成果资料进行整理;在实习过程中,所有外业观测数据必须记录在测量手簿上(规定的表格),如遇测错、记错或超限应按规定的方法改正;内业计算也应在规定的表格上进行。每一个测量阶段结束后,都应及时完成数据的整理计算,并及时进行平差,测量过程中产生的中间结果都应予以保存并汇总。

2. 实习需上交的成果

（1）小组应交的资料

点之记、平面和高程控制测量外业记录手簿及内业计算平差表；碎部测量记录手簿以及 1∶500 地形图一幅（聚酯薄膜或数字地图）。

（2）个人应交的资料

① 实习报告。

② 导线计算表、高差配赋表。

③ 实习总结（附在实习报告中，每人一份）。

3. 实习报告编写

实习报告就是实习的技术总结，编写格式如下，并装订成册上交：

（1）封面：实习名称、地点、起始日期、班组、编写人及指导教师姓名。

（2）目录。

（3）前言：说明实习的目的、任务、过程。

（4）实习内容：简要叙述测量的顺序、方法、精度要求、计算成果及示意图等。

（5）实习体会（可写在实习小结中）：介绍实习中遇到的技术问题、采取的处理办法，对实习的意见或建议等。

4. 实习考核

根据外业测量成果精度、内业计算表格、地形图的精度等，给测量小组评定等级；根据出勤情况、个人表现及贡献大小在相应组内评定出小组内的个人成绩（百分制）。

（1）评定的依据

实习中的思想表现，出勤情况，对测量学知识的掌握程度，实际作业技能的熟练程度，分析问题和解决问题的能力，任务完成的质量，所交成果资料及仪器工具爱护的情况，操作考核情况，实习报告的编写水平等。

（2）成绩评定分按百分记；凡违反实习纪律、擅自不参加实习、实习中发生吵架事件、打架事件、损坏仪器工具及其他公物、未交成果资料和实习报告以及伪造成果等，均作不及格处理。

附录一 测量综合实习用表格

附表 1 测回法水平角观测记录手簿

日 期：_____年___月___日 _____专业_____级____班____组 天气：_____
仪器型号：_____ 观测者：_____ 记录者：_____

测站	目标	竖盘位置	水平度盘读数 ° ′ ″	半测回角值 ° ′ ″	平均角值 ° ′ ″	备注
		左				
		右				
		左				
		右				
		左				
		右				
		左				
		右				

附表 2　光电测距记录手簿

日　期：_____年___月___日 _____专业_____级____班____组　天气：_____

仪器型号：_____　观测者：_____　记录者：_____　棱镜常数(mm)：_____

仪器高：_____　　　　　　　　　　　目标高：_____

测站	镜站	第一次	第二次	第三次	平均值	备注

附表3 控制点点之记

点名： 级别：

所在地		标石类型	
点位说明		标石说明	
点位略图			
		作业员	
		检查员	
		作业单位	
		施测日期	

点名： 级别：

所在地		标石类型	
点位说明		标石说明	
点位略图			
		作业员	
		检查员	
		作业单位	
		施测日期	

附表 4 导线坐标计算表

专业：　　　班级：　　　组名：　　　计算者：　　　日期：

点号	观测角 ° ′ ″	改正数 ″	改正角 ° ′ ″	坐标方位角	距离/m	增量计算值		改正后增量		坐标值		点号
						$\Delta x/m$	$\Delta y/m$	$\Delta x/m$	$\Delta y/m$	x/m	y/m	
总和												

辅助计算

$$\sum \beta_{测} = \qquad f_\beta = \qquad f_x = \qquad f_y = \qquad f_D =$$

$$\sum \beta_{理} = \qquad f_允 = \qquad K = \dfrac{f_D}{\sum D} = \qquad K_允 =$$

附表 5 普通水准测量记录手簿

日　期：_____年___月___日　_____专业_____级____班____组　天气：_____

仪器型号：_____　观测者：_____　记录者：_____　立尺者：_____

测站	点号	水准尺读数		高差		改正数	高　程	备　注
		后视 a	前视 b	＋	－			
站数＝		$\sum a =$	$\sum b =$	$\sum =$	$\sum =$	闭合差 $f_h =$		
		$\sum a - \sum b =$		$\sum h =$				

附表6　四等水准测量记录手簿

日　　期：_____年___月___日　_____专业_____级____班____组　天气：_____

观测者：_____　记录者：_____　计算者：_____　立尺者：_____

测　自_____至_____　仪器型号：_____　呈像_____

测站编号	后尺 下丝 上丝	前尺 下丝 上丝	方　向 及尺号	标尺读数		K+ 黑减红	高差 中数	备注
	后　距	前　距		黑　面	红　面			
	视距差 d	$\sum d$						
			后					
			前					
			后—前					
			后					
			前					
			后—前					
			后					
			前					
			后—前					
			后					
			前					
			后—前					

附表 7 水准测量成果计算表

班级：_____ 组号：_____ 计算者：_____ 检核者：_____ 日期：_____

点号	路线长度 （km）	实测高差 （m）	改正数 （mm）	改正后高差 （m）	高程 （m）	备注
Σ						

辅助计算：

附表 8 控制点成果表

填表者:_____ 校对者:_____ _____年___月___日

点名或点号	类别	所在地	纵坐标 X	高程(m)	检查点		备注
			横坐标 Y		邻接点	边长(m)	

附表 9　碎部测量手簿(经纬仪)

日　期：_____年___月___日　　_____专业_____级____班____组　　天气：_____

观测者：_____　　记录者：_____　　计算者：_____　　立尺者：_____

测站点：_____　定向点：_____　测站高程 $H=$_____　仪器高 $i=$_____　指标差_____

点号	上丝 下丝	视距 kn(m)	竖盘 读数 L	竖直角 $\pm\alpha$	目标高 L(m)	高差 h(m)	高程 H(m)	水平角 β	水平距离 D(m)	备注

备注:经纬仪的视距乘常数=100。

附表 10　碎部测量手簿(全站仪)

日　　期：_____年___月___日　_____专业_____级___班___组　天气：_____

观测者：_____　记录者：_____　计算者：_____　立尺者：_____

测站点：_____定向点：_____测站高程 $H=$_____仪器高 $i=$_____指标差_____

点号	水平角 β	水平距离 D(m)	高差 h(m)	目标高 L(m)	高程 H(m)	备注

附录二　CASS9.0 的野外操作码

CASS9.0 的野外操作码由描述实体属性的野外地物码和一些描述连接关系的野外连接码组成。CASS9.0 专门有一个野外操作码定义文件 JCODE.DEF,该文件是用来描述野外操作码与 CASS9.0 内部编码的对应关系的,用户可编辑此文件使之符合自己的要求,文件格式为:

野外操作码,CASS9.0 编码

……

END

1. 野外操作码的定义规则

(1) 野外操作码有 1~3 位,第一位是英文字母,大小写等价,后面是范围为 0~99 的数字,无意义的 0 可以省略,例如 A 和 A00 等价、F1 和 F01 等价。

(2) 野外操作码后面可跟参数,如野外操作码不到 3 位,与参数间应有连接符"—",如有 3 位,后面可紧跟参数,参数有下面几种:控制点的点名;房屋的层数;陡坎的坎高等。

(3) 野外操作码第一个字母不能是"P",该字母只代表平行信息。

(4) Y0、Y1、Y2 三个野外操作码固定表示圆,以便和老版本兼容。

(5) 可旋转独立地物要测两个点,以便确定旋转角。

(6) 野外操作码如以"U","Q","B"开头,将被认为是拟合的,所以如果某地物有的拟合,有的不拟合,就需要两种野外操作码。

(7) 房屋类和填充类地物将自动被认为是闭合的。

(8) 房屋类和符号定义文件第 14 类别地物如只测三个点,系统会自动给出第四个点。

(9) 对于查不到 CASS 编码的地物以及没有测够点数的地物,如只测一个点,自动绘图时不做处理,如测两点以上按线性地物处理。

线状、点状地物的符号代码及点间的连接关系详见附表 11—13。

附表 11　线面状地物符号代码表

坎类(曲)：K(U)＋数(0—陡坎,1—加固陡坎,2—斜坡,3—加固斜坡,4—垄,5—陡崖,6—干沟)
线类(曲)：X(Q)＋数(0—实线,1—内部道路,2—小路,3—大车路,4—建筑公路,5—地类界,6—乡.镇界,7—县.县级市界,8—地区.地级市界,9—省界线)
垣栅类：W＋数(0,1—宽为 0.5 米的围墙,2—栅栏,3—铁丝网,4—篱笆,5—活树篱笆,6—不依比例围墙,不拟合,7—不依比例围墙,拟合)
铁路类：T＋数[0—标准铁路(大比例尺),1—标(小),2—窄轨铁路(大),3—窄(小),4—轻轨铁路(大),5—轻(小),6—缆车道(大),7—缆车道(小),8—架空索道,9—过河电缆]
电力线类：D＋数(0—电线塔,1—高压线,2—低压线,3—通讯线)
房屋类：F＋数(0—坚固房,1—普通房,2—一般房屋,3—建筑中房,4—破坏房,5—棚房,6—简单房)
管线类：G＋数[0—架空(大),1—架空(小),2—地面上的,3—地下的,4—有管堤的]
植被土质： **拟合边界**：B—数(0—旱地,1—水稻,2—菜地,3—天然草地,4—有林地,5—行树,6—狭长灌木林,7—盐碱地,8—沙地,9—花圃) **不拟合边界**：H—数(0—旱地,1—水稻,2—菜地,3—天然草地,4—有林地,5—行树,6—狭长灌木林,7—盐碱地,8—沙地,9—花圃)
圆形物：Y＋数(0 半径,1—直径两端点,2—圆周三点)
平行体：P＋[X(0−9),Q(0−9),K(0−6),U(0−6)…]
控制点：C＋数(0—图根点,1—埋石图根点,2—导线点,3—小三角点,4—三角点,5—土堆上的三角点,6—土堆上的小三角点,7—天文点,8—水准点,9—界址点)

　　例如：K0—直折线型的陡坎,U0—曲线型的陡坎,W1—土围墙。

　　T0—标准铁路(大比例尺),Y012.5—以该点为圆心半径为 12.5 m 的圆。

附表 12 点状地物符号代码表

符号类别	编码及符号名称					
	编码	符号名称	编码	符号名称	编码	符号名称
水系设施	A00	水文站	A01	停泊场	A02	航行灯塔
	A03	航行灯桩	A04	航行灯船	A05	左航行浮标
	A06	右航行浮标	A07	系船浮筒	A08	急流
	A09	过江管线标	A10	信号标	A11	露出的沉船
	A12	淹没的沉船	A13	泉	A14	水井
土质	A15	石堆				
居民地	A16	学校	A17	肥气池	A18	卫生所
	A19	地上窑洞	A20	电视发射塔	A21	地下窑洞
	A22	窑	A23	蒙古包		
管线设施	A24	上水检修井	A25	下水雨水检修井	A26	圆形污水篦子
	A27	下水暗井	A28	煤气天然气检修井	A29	热力检修井
	A30	电信入孔	A31	电信手孔	A32	电力检修井
	A33	工业、石油检修井	A34	液体气体储存设备	A35	不明用途检修井
	A36	消火栓	A37	阀门	A38	水龙头
	A39	长形污水篦子				
电力设施	A40	变电室	A41	无线电杆塔	A42	电杆
军事设施	A43	旧碉堡	A44	雷达站		
道路设施	A45	里程碑	A46	坡度表	A47	路标
	A48	汽车站	A49	臂板信号机		
独立树	A50	阔叶独立树	A51	针叶独立树	A52	果树独立树
	A53	椰子独立树				

符号类别	编码及符号名称					
	编码	符号名称	编码	符号名称	编码	符号名称
工矿设施	A54	烟囱	A55	露天设备	A56	地磅
	A57	起重机	A58	探井	A59	钻孔
	A60	石油天然气井	A61	盐井	A62	废弃的小矿井
	A63	废弃的平峒洞口	A64	废弃的竖井井口	A65	开采的小矿井
	A66	开采的平峒洞口	A67	开采的竖井井口		
公共设施	A68	加油站	A69	气象站	A70	路灯
	A71	照射灯	A72	喷水池	A73	垃圾台
	A74	旗杆	A75	亭	A76	岗亭、岗楼
	A77	钟楼、鼓楼、城楼	A78	水塔	A79	水塔烟囱
	A80	环保监测点	A81	粮仓	A82	风车
	A83	水磨房、水车	A84	避雷针	A85	抽水机站
	A86	地下建筑物天窗				
宗教设施	A87	纪念像碑	A88	碑、柱、墩	A89	塑像
	A90	庙宇	A91	土地庙	A92	教堂
	A93	清真寺	A94	敖包、经堆	A95	宝塔、经塔
	A96	假石山	A97	塔形建筑物	A98	独立坟
	A99	坟地				

附表 13　描述连接关系的符号的含义

符　号	含　　义
＋	本点与上一点相连,连线依测点顺序进行
－	本点与下一点相连,连线依测点顺序相反方向进行
n＋	本点与上 n 点相连,连线依测点顺序进行
n－	本点与下 n 点相连,连线依测点顺序相反方向进行
p	本点与上一点所在地物平行
np	本点与上 n 点所在地物平行
＋A＄	断点标识符,本点与上点连
－A＄	断点标识符,本点与下点连

"＋"、"－"符号的意义:("＋"、"－"表示连线方向)

2. 操作码的具体构成规则

(1) 对于地物的第一点,操作码＝地物代码。如附图 1 中的 1、5 两点(点号表示测点顺序,括号中为该测点的编码,下同)。

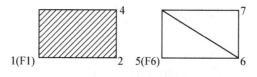

附图 1　地物起点的操作码

(2) 连续观测某一地物时,操作码为"＋"或"－"。其中"＋"号表示连线依测点顺序进行;"－"号表示连线依测点顺序相反的方向进行,如附图 2 所示。在 CASS 中,连线顺序将决定类似于坎类的齿牙线的画向,齿牙线及其他类似标记总是画向连线方向的左边,因而改变连线方向就可改变其画向。

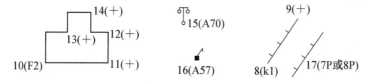

附图 2　连续观测点的操作码

（3）交叉观测不同地物时，操作码为"n＋"或"n－"。其中"＋"、"－"号的意义同上，n表示该点应与以上 n 个点前面的点相连（n＝当前点号－连接点号－1，即跳点数），还可用"＋A＄"或"－A＄"标识断点，A＄是任意助记字符，当一对 A＄断点出现后，可重复使用 A＄字符（如附图 3 所示）。

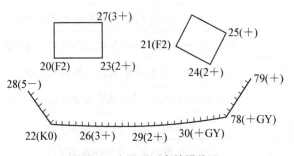

附图 3　交叉观测点的操作码

（4）观测平行体时，操作码为"p"或"np"。其中，"p"的含义为通过该点所画的符号应与上点所在地物的符号平行且同类，"np"的含义为通过该点所画的符号应与以上跳过 n 个点后的点所在的符号画平行体，对于带齿牙线的坎类符号，将会自动识别是堤还是沟。若上点或跳过 n 个点后的点所在的符号不为坎类或线类，系统将会自动搜索已测过的坎类或线类符号的点。因而，用于绘平行体的点，可在平行体的一"边"未测完时测对面点，亦可在测完后接着测对面的点，还可在加测其他地物点之后，测平行体的对面点（如附图4 所示）。

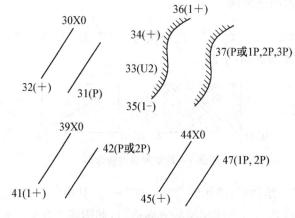

附图 4　平行体观测点的操作码

图书在版编目(CIP)数据

测量学实验指导 / 李栋梁，徐琪主编. -- 南京 ：
南京大学出版社，2017.8(2024.8 重印)

ISBN 978 - 7 - 305 - 18967 - 8

Ⅰ. ①测… Ⅱ. ①李… ②徐… Ⅲ. ①测量学－实验
－高等学校－教学参考资料 Ⅳ. ①P2－33

中国版本图书馆 CIP 数据核字(2017)第 163535 号

出版发行　南京大学出版社
社　　址　南京市汉口路 22 号　　　　　邮　编　210093
书　　名　**测量学实验指导**
　　　　　CELIANGXUE SHIYAN ZHIDAO
主　　编　李栋梁　徐　琪
责任编辑　荣卫红　　　　　　　　编辑热线　025 - 83685720
照　　排　南京南琳图文制作有限公司
印　　刷　江苏凤凰数码印务有限公司
开　　本　787 mm×1092 mm　1/16　印张 6.5　字数 150 千
版　　次　2017 年 8 月第 1 版　2024 年 8 月第 3 次印刷
ISBN 978 - 7 - 305 - 18967 - 8
定　　价　25.00 元

网址：http://www.njupco.com
官方微博：http://weibo.com/njupco
官方微信号：njupress
销售咨询热线：(025) 83594756